藍學堂

學習・奇趣・輕鬆讀

第 2 課 | 選對有效的視覺元素　047

- 數據少，就用「純文字」
- 4 種常用「圖表」
- 用「線型圖」看關聯
- 用「區域圖」看差異
- 盡量別用的圖表：圓餅圖
- 「表格」的主角是資料
- 用「點型圖」看分布
- 用「條狀圖」比多少
- 其他種類圖表
- 向立體圖說「不」

第 3 課 | 拔掉干擾閱讀的雜草　081

- 「認知負荷」越大，越懶得看
- 格式塔的視覺法則
- 未多加考量的使用對比
- 雜訊應該清乾淨
- 缺乏視覺秩序的惡果
- step by step 除雜訊

第 4 課 | 把聽眾的注意力吸過來　105

- 用大腦看東西
- 文字中的前注意特徵
- 大小怎麼用
- 頁面位置
- 照過來！前注意特徵能幫助集中目光
- 圖表中的前注意特徵
- 色彩怎麼用

第5課｜設計師思維　129

- 一眼就能看出功能
- 美的設計比不美的要好用
- 對各種人都好用
- 增加接受度

第6課｜解析5個好範例　153

- 範例①折線圖
- 範例③100% 堆疊直條圖
- 範例⑤堆疊橫條圖
- 範例②加進預測與註解的折線圖
- 範例④正負堆疊長條圖

第7課｜學習說故事　167

- 故事的魔力
- 怎麼開頭
- 安排敘事結構
- 將故事說清楚的技巧
- 創作故事架構
- 中段
- 重複的力量

第8課｜動手改造爛圖表　187

- 練習①理解脈絡
- 練習③移除雜訊
- 練習⑤設計師思維
- 練習②選擇適當的呈現方式
- 練習④集中聽眾的注意力
- 練習⑥訴說故事

2007 年末，我認識了柯爾。我在前一年獲 Google 公司招聘，負責召集「人力營運」團隊，為 Google 尋找人才、留住人才、並為內部員工安排活動。加入 Google 不久後，我便決定成立人力分析團隊，並要求團隊成員讓人事方面的創新不輸給產品層面。柯爾獲選進入此團隊、成為關鍵創始成員之一，擔任分析團隊和 Google 其他部門的溝通橋樑。

簡潔扼要似乎是柯爾的天性。

她接收到的業務訊息都是最棘手、最難處理的資訊，像是「如何當個好主管」之類的主題，但她一向都能用這些資訊製造出最洗鍊、最好吸收的圖像，並用最有說服力的方式來訴說故事。「千萬別讓數據跟著流行走」（刪減花稍的過場動畫、圖像和文字，以訊息為中心）、「簡樸才是王道」（簡報的重點是清晰易懂的故事，而非漂亮的數據圖）等，都是她做過的精彩指南。

我們請柯爾到各地授課，在接下來的 6 年內開了 50 次以上的資料視覺化課程，最後她決定出走，完成自己「消滅全世界爛 PPT」的偉大使命。如果你覺得這問題根本沒那麼重要，那就上 Google 搜尋看看「PPT 害死人」（powerpoint kills）吧，結果將近有五十萬條條目呢！

本書是柯爾針對現下環境寫出的著作，替愛德華・圖夫特等資料視覺化先驅的作品進行補充與更新。她過去的合作對象包括全球資訊處理量數一數二的公司，也包括了一些使命導向、數據資訊量極低的機構。無論對象為何，她皆能成功協助它們塑造公司訊息與思考模式。

　　柯爾的這本大作是一本有趣、平易近人又相當實用的作業指南，教導大家如何從一片雜音當中汲取出真正重要的訊號，讓我們的聲音更容易為他人聽見。

　　這不就是重點所在嗎？

拉茲洛・博克（Laszlo Bock）

2015 年 5 月筆

（Google 人力營運部資深副總裁，《Google 超級用人學》〔*Work Rules!*〕作者）

把圖表變成
簡報說服的好工具

該如何把資料轉化成圖表，變成簡報說服的工具？原來，Google 式的圖表簡報，是這麼做的！

身為簡報教練，不論是上台技術、簡報表現、視覺呈現、甚至投影片設計，每個領域我都會找到幾本經典書籍，不僅自己閱讀，也推薦學員參考。但關於圖表製作及資料展現，我卻一直找不到一本經典又簡潔的參考書籍。

但在專業及商業簡報中，如何利用圖表或資料表格，把大量的資訊化繁為簡、清楚呈現，卻一直困擾著許多簡報者。雖說「文不如表，表不如圖」，但有多少次我們被複雜的圖表搞到頭暈？又有多少次我們被大量的數據所淹沒？雖然依照不同的簡報個案，我們可以給一些不同的調整建議；但有沒有什麼更系統化的方法，可以幫助專業簡報者，更有效的呈現手邊的資料？讓資料不僅是資料，而是可以說服聽眾的有效工具？

這本書，提供了一個完整的解答！

從一開始作者就告訴我們，要先搞清楚對象是誰、他們想要什麼、他們的目標和需求。我非常認同這樣的觀念，因為唯有把目的跟對象弄清楚，接下來

的簡報呈現及設計才有意義。而下一步驟，作者建議大家關掉電腦，從構思開始，用小紙片規畫一下接下來的呈現流程，才不會一開始就掉入電腦技巧操作的陷阱之中。這樣的方法也跟我平常教學採用的便利貼法非常類似，可見好的方法全世界都認同。

接下來作者開始用實際案例教導我們如何透過簡化、強調、消除、動態呈現、設計師思考等不同的原則，讓圖表更有效呈現。而搭配核心目標確認及說故事的手法，讓資料不僅是資料，而是成為一大說服利器。

我最喜歡的是：本書搭配了大量的案例，精彩呈現出修改前及修改後不同的效果，甚至有幾個章節是以個案的方式呈現，逐步把原本繁瑣的圖表，調整成非常具有說服力的精彩投影片。圖表彩色印刷，也對我們理解作者想表達的概念很有幫助。可以這麼說，這不是一本圖表設計理論的書，而是基於作者紮實的經驗，配合上一個又一個的實務案例，所匯集而成的精彩簡報書籍。

對了，書上這些的方法及技巧，也是作者在 Google 內部的教學內容；透過這本精彩好書，我們也能一窺什麼是 Google 圖表簡報術。重要的是：如果您是專業人士，工作簡報經常需要用到圖表呈現，那我跟您保證，這絕對是一本值得您仔細閱讀、用心學習的好書。熟讀書中觀念，搭配個案實作，再規畫好您的資料呈現腳本，最後記得在上台前多練習幾次；相信您一定能善加使用圖表，為你的專業簡報加分。

願你上台自在，自信上台，一起加油！

王永福

（百大企業簡報教練、憲福育創共同創辦人、《上台的技術》作者）

資料的清晰度，
反映你思考力的強弱

　　某一場簡報結束後，有個聽眾走上前來，客氣地遞了一張小紙條給我。打開一看，大意是：我建議你的簡報不要「都是字」；講話過程中，也可以穿插一些「笑話或小故事」。

　　儘管我很樂於接受批評建議，但是心情還是低落了一會兒。我覺得自己的口語表達應該還算清晰，講話時也不會把簡報內容當稿子念，為什麼效果好像不太好？

　　幾年前就約略可以歸納出來、也能理解的原因，現在看來更清楚、也更迫切：在資訊爆量的時代裡，所有訊息已經到了只要觀眾的「眼球需要用力，就會被忽略」的程度了。甚至，說得更戲劇化一點，我們往往只有幾秒鐘的時間，抓到聽眾的眼神和心神，訊息一複雜、一模糊，觀眾就會無情地滑開、跳開。

　　所以，承認吧，看圖、看影片，就是比看字輕鬆；平鋪直敘，就是沒有說故事（甚或笑話）來得動人。

　　因此，想要精確傳達你想講的的訊息，達成你預期的結果，「苦工」應該要由你（簡報者）來做，在台下就先完成資料的耙梳和探索（exploration），

然後交給聽眾「易懂」的內容，也就是你的解釋（explanation）、你的洞察（insight）。而這正是你之所以站在台上的責任。千萬不要嘴巴講著中文，聽眾聽起來像外星文；在簡報上貼了一大堆數字、表格，但是觀眾一看到就頭昏、皺眉頭。

當然，圖片的力量不用贅述，「一張圖勝過千言萬語」（A picture is worth a thousand words.）這句話，我們都感同身受。於是，觀念釐清了，緊接著技術問題就跑出來了：我不會用 Excel、我不會畫圖、我沒有美感、我不懂設計、我數學超爛……。

以上哀鳴，其實就是這本書裡要破除的偏見。作者從設計思維借用了一句話：「先有功能，才決定形式。」（Form follows function.）簡單說，就是先確立你要表達什麼訊息、促成什麼樣的行動，再挑選你需要什麼樣的工具或表現形式。有時候，訊息很簡單、數字只有一個，「根本就不用做圖表」，純文字也行，換個顏色、改個字級大小就好。

我從書裡記下了我覺得最得到觀念啟發的三句話：「不管工具有多厲害，它還是不像你一樣，對於資料和背後的故事瞭若指掌。」「用來集中注意力的應該是你要說的故事，而不是圖表的設計元素。」「呈現資訊的結構，要與聽眾吸收資訊的流程相符。」

另外，在將觀念實際應用到工作場合裡時，我最推薦作者在第 2 課（選對有效的視覺元素）裡提到的她最常使用的視覺元素和圖表：儘管常見的視覺元素成千上百，但是「我用的視覺元素只有十幾種。」而作者針對這十幾種的解說，我認為是全書的要點之一：教讀者什麼樣的資料用什麼樣的形式呈現，效果最好。

做為文字工作者，在這本似乎與圖表和設計更有關聯的書裡，我不但稍稍

「緩解」了對於自己美感不足、懼怕數字的焦慮;更意外的驚喜是,透過資料梳理、去蕪存菁、設計思維、說故事等章節,對於我在文字、版面與思考上,都有很大的幫助:為了更簡單、更清楚,我必須付出更大心力,我還有更多要學。如同書裡引用安東尼・聖修伯里(Antoine de Sanit-Exupery)的話:「完美的境界不是沒東西好加,而是沒東西可拿。」

　　總而言之,你雖然不是設計師、不會畫圖、看到 Excel 就害怕,但是別擔心,你的「視覺直覺」還是最重要的。先想好你要說什麼、挑選最合適傳達訊息的圖表,再來學習軟體、工具怎麼用,才是提升視覺溝通力的合理邏輯。

　　最後,我最大的學習,也是最想分享的心得:訊息的理解有障礙,不是使用者的錯,而是設計有瑕疵;而設計之所以有瑕疵、讓人看不懂,也不會是軟體工具介面的問題,而是你想得還不夠細、不夠有系統、不夠深。

齊立文

(《經理人月刊》總編輯)

用圖表說好故事

你手上的資料裡頭有著故事，但是，不善用現成的圖表製作工具（如Excel），容易把好故事變成不知所云的爛圖表。你得擔任資訊的分析師或溝通師，以視覺和脈絡將故事搬到幕前，說給觀眾聽。

 你可以學到這些

 會用工具做圖表≠會表達資料≠會溝通

 用對圖表，才不會變成說好故事的絆腳石

 加強自己的溝通能力與效率

到處都是爛圖表

我在工作上經常碰到許多不盡理想的視覺圖表（日常生活中也是，開關一開了就停不下來……）。沒有人會刻意製作爛圖表，但是爛圖表還是層出不窮。所有業界、所有公司、所有類型的人都有可能做出爛圖表，連媒體也會做爛圖表，連應該要有些水準的人也會拿張爛圖表出來給聽眾看。為什麼會這樣？

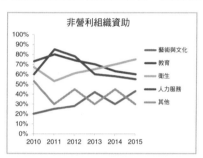

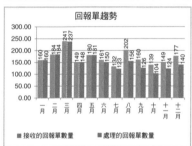

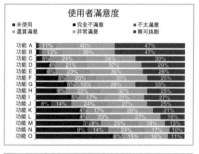

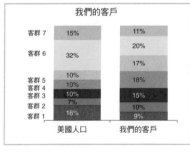

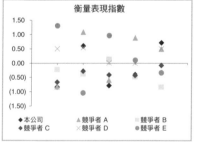

圖 0.1　效率低落的圖表例子

沒人天生就會用資料說故事

學校老師教導我們語言與數學。在語言課，我們要學習將字詞組成句子、將句子組成故事；在數學課，我們要學習搞懂數字的奧秘。不過，卻很少人將這兩項科目結合在一起，教我們如何用數字說故事。不僅如此，大半人都對於此領域相當沒天分。

現在資料呈現的作業需求越來越高，但是我們卻毫無準備。隨著科技進步，我們唾手可得的資料量越來越龐大，這些大數據也等著我們去破解。此時，將資料視覺化、用來說故事的技能，即成了將資料轉為資訊、改善決策能力的關鍵。

在缺乏天分和訓練的情形之下，我們多數時候只能仰賴工具。科技日新月異，不只使得資料越來越龐大、越來越唾手可得，也使處理資料的工具日漸普及。任何人都能將資料輸入繪製圖表的程式（例如 Excel）、製作出圖表。這句話相當值得深思，所以我再重複一遍：任何人都能將資料輸入繪製圖表的程式（例如 Excel）、製作出圖表。以前只有科學家或其他高技術人員才有資源製作圖表，想到這點就令人驚歎不已，又讓人覺得相當害怕。畢竟，沒有清楚的指引，就算原意再良好、付出再多心血（再搭上常常有問題的工具預設值），我們可能會誤入歧途，例如做出 3D 立體、毫無意義又五顏六色的圓餅圖。

擅長微軟 Office 系統？沒什麼了不起，大家都會！

　　文書工具、試算表與簡報軟體的技能以前可以在履歷表和職場上加分，但是現在對於大多員工來說已經成了最初階的要求。有位老闆曾經告訴我，現在「熟悉微軟 Office 系統」在履歷表上已經沒什麼稀奇，這已經成了最基本的知識需求，只有更進一步的技能才能讓你在眾多求職者中脫穎而出。能夠有效率地用資料說故事便是其中一項優勢，讓你在任何職位當中都能成為佼佼者。

　　科技讓資料處理工具日漸普及、也大幅提昇了此類工具的效率，但是使用者本身的能力卻可能還差得遠。任誰都會把資料輸入 Excel、製作出一張圖表。對許多人來說，資料視覺化就這麼簡單。然而，資料當中的有趣故事很可能因此變得平淡無奇，或是導致更慘的後果——根本沒人看得懂。工具預設值和基本技巧通常會讓資料變得空洞又索然無味，完全缺乏故事性。

　　你的資料裡頭有著故事，但是工具不知道這個故事到底是什麼。這時候，就必須由你擔任資訊的分析師或溝通師，以視覺和脈絡讓這個故事被看見。本書便將重點放在把故事搬到幕前的流程。接下來是幾個改善前後的例子，讓各位讀者親眼看看本書的價值；我將會一步步詳述各項要點。

　　讀完本書之後，會讓你從單純展演資料，變成用資料說故事。

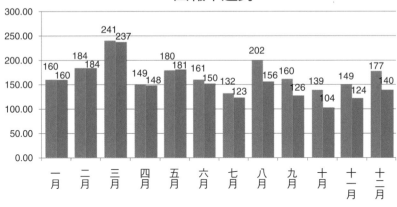

圖0.2　例1 改善前 出示資料

請同意雇用兩名全職員工
填補去年空出的職缺

回報單的時間變化

資料來源：XYZ內部數據，2014/12/31　平均每人處理量與解決問題所需時間已完成深入分析，若需要可提供作為申請參考。

圖0.3　例1 改善後 用資料說故事

調查結果

課前：對科學實驗
有何觀感？

■ 無聊　■ 不太喜歡　■ 可以接受　■ 有點有趣　■ 好玩

課後：對科學實驗
有何觀感？

■ 無聊　■ 不太喜歡　■ 可以接受　■ 有點有趣　■ 好玩

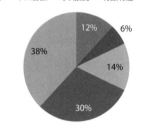

圖 0.4　例 2 改善前 出示資料

試教計畫大成功

對科學有何觀感？

計畫前，大半學童認為
科學還算可以接受。

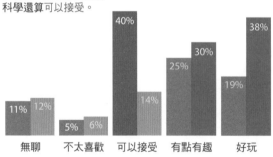

計畫後，
認為科學有點
有趣或好玩的
學童有增加。

無聊　　不太喜歡　　可以接受　　有點有趣　　好玩

調查對象為參加試教計畫前後的100名學童（兩次調查回答率皆為100%）。

圖 0.5　例 2 改善後 用資料說故事

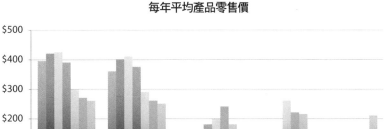

每年平均產品零售價

圖0.6　例3 改善前 出示資料

為了讓產品有競爭力，建議產品上市時的定價
低於平均223元、**介於150至200元間**

各產品零售價時間變化

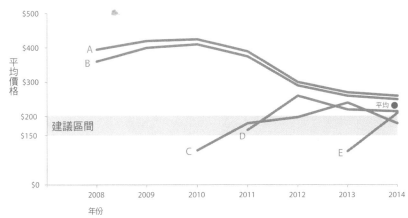

圖0.7　例3 改善後 用資料說故事

這本書是寫給誰看的？

本書的目標讀者為需要用資料與他人溝通的人，包括了（但當然不只有這些）：需分享工作結果的分析師、要將論文資料視覺化的學生、需以資料導向方式交流的主管、想證明自己影響力的慈善機構，以及要向董事會交代的公司領導階層。我相信，任何人都可以加強自己的溝通能力與效率、更得心應手地使用資料與他人交流。這件事讓許多人聞之喪膽，但是其實真的沒必要這樣。

若有人要你「拿點資料來看看」，你心中會有何感覺？

或許你會覺得渾身不自在，因為根本不知道該從何下手。或許你覺得自己應付不來，因為你假設觀眾聽了簡報後會有更複雜的要求，你還必須秀出所有細節，以回答觀眾的所有問題。或許你已經有紮實的底子，但希望能讓你的圖表和資料裡的故事更上一層樓。無論是哪種情況，這本書都是為你們量身打造的。

「若有人要我拿點資料來看看，我會覺得……」

我個人在推特上進行了非正式調查，發現「拿點資料來看看」的要求會讓人有以下五味雜陳的感受。

沮喪，因為我認為自己無法展現故事的全貌。

倍感壓力，因為我必須讓需要資料的人一看就懂。

無法勝任。老闆說：「你可以分析得詳細一點嗎？從x、y和z角度分析給我看。」

現在資料大量增加，決策過程也越來越偏資料導向，用資料說故事的技能因此也更加重要。成功與失敗僅一線之間，無論是要傳遞研究發現、為非營利

組織募款、向董事會報告、或僅僅是將論點傳達給聽眾，高效率的資料視覺化圖表絕對能助你一臂之力。

我從經驗中得知，大多人都會面臨到類似的挑戰：知道必須有效率地用資料溝通，但是卻自認在這方面技能不足。擅長資料視覺化的人才相當少見。一大挑戰在於，要將資料視覺化，就必須踏進分析流程。擔任分析相關職務的人自然有數據處理的背景，同時也能輕鬆地進行其他分析步驟（尋找資料、整理資料、分析資料、建構模型），但是不一定受過傳達分析結果的正式訓練。不過通常在所有的分析流程當中，聽眾只會注意到結果的呈現。除此之外，世界越來越資料導向，沒有技術背景的職員卻更常被要求要進行分析、並使用資料溝通。

你可能會有的不自在感其實相當普遍，因為傳統教育的課程並沒有教如何有效率地使用資料進行交流。通常此領域的專家，都是透過不斷的嘗試和失敗累積經驗，琢磨出自己的一套方法，但是過程可能漫長又繁瑣。因此，我希望能透過本書，讓各位讀者快速上手。

我怎麼學會用資料說故事的？

數學和商業的交集一向讓我感興趣。我有數學和商業的教育背景，因此，雖然這兩個領域有時天差地遠，我還是能順利與雙方溝通交流，並且幫助雙方更進一步了解彼此。我喜歡使用資料科學來改善商業決策力。隨著時間累積，我發現成功的關鍵之一，就是必須能有效地用視覺交流資料。

最早發現這件事有多重要，是我剛出社會、拿到第一份工作時。我當時是信用風險管理分析師（那時還沒發生次貸危機，所以其實還沒人知道信用風險管理是什麼東西）。我的工作是要建構並評估統計模型、預測拖欠和損失。這

代表我必須分析複雜的資料，並以簡單明瞭的方式回答我們是否有足夠的儲備金能打平預期損失、在什麼情況下會有風險……諸如此類的問題。不久後便發現，雖然同事們通常不會多花時間改善簡報的美感，但是這麼做卻能讓我的心血吸引上司們的注意。那時我第一次發現，視覺資料溝通的確值得花時間鑽研。

後來我又擔任過信用風險、詐欺和營運管理相關的職位，接著又在私募股本界待過一陣子，我決定要踏出銀行與金融業。我停下腳步，思考自己想要將哪些技能發展為日常工作：最關鍵的核心便是利用資料影響商業決策。

最後我進了 Google 公司的人力分析團隊。Google 是一間相當資料導向的公司，甚至在一個不常見的領域用上了資料與分析：人力資源領域。人力分析團隊是 Google 人資組織（在 Google 稱為「人力營運」）附屬的一支分析團隊。這支團隊的使命，就是要確保 Google 對內部或招聘做出的人事決定皆以資料為根據。此團隊相當適合我繼續磨練我的資料敘事技能，使用資料與分析理解、解釋商業決策，達到有效招聘、激勵員工、提升團隊效率以及留住人才等目標。Google 人力分析團隊相當先進，開出了一條新的道路，許多公司目前也開始跟進。能夠協助建立此團隊、並且跟著成長，是個難能可貴的經驗。

Google 人力營運部決定打造內部訓練計畫，而我扛下了開發資料視覺化訓練內容的責任，這便是我職涯重大的轉捩點。這機會讓我得以開始研究、認識資料視覺化背後的高效率法則，並幫助我了解數年來累積下來的那一套為何能夠成功。藉著這次的研究，我開發了一套資料視覺化課程，而 Google 公司最後全體上下都使用了這套課程。

氧氣計畫（Project Oxygen）：用資料說故事，訴說好主管的特質

　　Google 的氧氣計畫廣為人知，內容主要是在研究好主管的特徵。《紐約時報》曾經報導過此計畫，而且《哈佛商業評論》（Harvard Business Review）曾將此計畫做為案例研究，受到廣大迴響。無論是對方法論持疑、想了解細節的工程師，或是想從大架構看結果、實際應用發現的主管，他們所碰上的一大挑戰便是不知如何將結果傳達給各種階層的觀眾。我在此計畫當中負責溝通層面，協助將複雜的資料以最佳方式呈現給觀眾看，達到工程師想要的詳細程度、並且讓不同階層的主管都能一眼就看懂。為了達到此目標，我用上了本書將會談到的許多概念。

　　這套課程在 Google 公司內外都引起一些迴響。因為一連串的幸運巧合，數間慈善機構找上了我，邀我前去在資料視覺化的講座上演講。接著有如滾雪球一般，越來越多人與我聯絡，向我諮詢如何有效率地交流資料。一開始大多是慈善圈的人，後來也包括企業客戶。事情逐漸明晰：不只有 Google 公司需要這方面的協助；只要是在任何組織或商業機構公司的人，若能用資料進行高效率溝通，都能夠提升自己的影響力。利用閒暇時間在幾場會議和機構演講後，最後我決定離開 Google，追逐我的新目標：教全世界如何用資料說故事。

　　過去幾年來，我已為一百個以上的歐美機構開過工作坊。對此領域的需求跨越許多業界和職位，此點著實有趣。我的聽眾包括了諮詢業、消費性產品業、教育業、金融服務業、政府、健保業、非營利組織、零售業、新創企業和科技業。聽眾群當中包括各種高低職位：有每天處理資料的分析師、偶爾要運用資料的非分析職員、需要提供意見和回饋的主管、也有要向董事會呈報每季結果的行政團隊。

在從事這份工作的過程中，我遇過各式各樣資料視覺化的難關。我體會到，資料視覺化其實是最基本的技巧，並非僅限於特定業界或職位。這些技巧可以透過適當的方法教導、學習，從工作坊的許多正面回饋與後續消息便可驗證。經過一段時間，我相信我所設計的工作坊課程絕對有其價值，而現在我就要將這些課程與各位分享。

6堂特訓

在我的工作坊當中，我通常會將重點放在 5 堂關鍵課程。以本書呈現課程內容的一大優勢就是沒有時間限制（工作坊就有時間限制）。我在本書當中收錄了我一直想加入的第 6 堂課（「設計師思維」），同時還加入了許多改善前後的案例、循序漸進的教學、以及我對於視覺資訊設計的想法。

我將會給予實用指引，讓你能馬上提升資料視覺交流的效率。本書的內容將會幫助你了解、應用 6 個關鍵步驟：

1. 理解脈絡
2. 選擇適當的視覺呈現
3. 去蕪存菁
4. 集中聽眾目光
5. 設計師思維
6. 訴說故事

不同產業的實例，應有盡有

本書當中，我使用許多案例來闡明上述的概念。本書的教學內容並不侷限於特定產業或職位，而會以資料溝通的基礎概念與最佳實例為主。我接觸過許多不同業界的客戶，所以我使用的例子也會橫跨不同業界。各位將會看到科技、教育、消費性產品、非營利領域等等的各種案例研究。

每個例子都以我工作坊的課程內容為基礎，不過我已經適時調整資料或模糊情境，以保護機密資訊。

若有些例子乍看之下並無關連性，我建議各位讀者停下腳步，回想看看你碰過的資料視覺化或溝通難關，並想像類似方法是否能發揮效用。即便例子本身與各位工作的領域相差甚遠，還是有其值得學習之處。

不限使用特定工具

本書當中的教學內容集中於任何製圖程式或簡報軟體都能應用的最佳典範。市面上有大量工具可以用資料說故事。不過，不管工具有多厲害，還是不像你一樣對於資料和背後的故事瞭若指掌。花點時間摸熟你的工具，別讓工具成了應用本書內容的絆腳石。

Excel 怎麼使用？

雖然我不會集中討論特定工具，但是本書的例子都是使用微軟 Excel 所製作。若各位有興趣進一步了解要如何用 Excel 做出類似的視覺元素，請造訪我的部落格：storytellingwithdata.com，下載文章當中的 Excel 檔案。

本書的架構

　　本書內容分成幾個主要課程，每一課會集中討論一項核心課程及其相關概念。若有助於理解，我會討論某些理論，但會將重點放在理論的實際運用上，而書中也經常附上實際的特定案例。各位閱讀完每一課之後，便能得心應手地運用該堂課的內容。

　　本書當中，我以自己對於資料敘事流程的認知，來安排教學內容的順序。後面的章節以前面的內容為基礎，因此我建議讀者從頭開始閱讀。我相信，各位閱讀完整本書後，在面臨手邊的資料視覺化難關時，都能聯想到相關的特定重點或案例。

　　為了讓各位對於本書內容有更進一步的了解，以下先簡單介紹各堂課的內容。

● 第1課：有條理，很重要

　　踏上資料視覺化的學習之途前，各位應該要能夠簡潔扼要地回答幾個問題：你的觀眾是誰？你希望他們知道什麼？希望他們有何行動？這堂課將介紹情境脈絡的重要性，包括了目標觀眾、溝通機制和想要的氣氛。這堂課將會介紹幾大概念，並用實例協助各位讀者徹底理解脈絡。建立好紮實的情境脈絡認知，便能減低跳針、廢話，讓你成功創造出優質視覺內容。

● 第2課：選對有效的視覺元素

　　什麼才是展示資料的最佳方法？我分析了我工作時最常使用的視覺呈現效果。這一課當中，我將會介紹商業界最常用來交流資料的視覺元素種類，討論

每種視覺元素最恰當的使用方式，並且使用真實案例進行說明。此處將討論的特定種類包括純文字、表格、熱區圖（heatmap）、折線圖（line graph）、斜線圖（slopegraph）、直條圖（vertical bar chart）、堆疊直條圖（vertical stacked bar chart）、瀑布圖（waterfall chart）、橫條圖（horizontal bar chart）、堆疊橫條圖（horizontal stacked bar chart）以及方格區域圖（square area chart）。除此之外，這堂課也討論了最好避免使用何種視覺元素，包括圓餅圖（pie chart）和環圈圖（donut chart），並且討論避免 3D 立體圖形的原因。

● 第3課：拔掉干擾閱讀的雜草

想像一張空白的頁面或空白的螢幕：每在這張頁面或螢幕上加上一個元素，就會增加觀眾的認知負擔。這代表我們應該要謹慎選擇放在頁面或螢幕上的元素，並且找出可能會白耗腦力的非必要元素，移除它。這堂課的重點就是去蕪存菁。為了進行相關討論，我將會引進格式塔的視覺法則（Gestalt Principles of Visual Perception），並介紹該如何將此法則應用到圖表等資訊的視覺呈現之上。另外也會討論對齊、空白的策略用法、以及對比等重要的設計細節。同樣地，這堂課也會使用實例來說明。

● 第4課：把聽眾的注意力吸過來

本課我們將繼續探討人的視覺運作原理，並且討論該如何在製作視覺元素時應用該原理來增加優勢。首先我將會簡單討論視覺與記憶，接著用此討論來強調前注意特徵（preattentive attributes）的重要性，包括大小、顏色和頁面上的位置等等。我們將會探討如何善用前注意特徵，將觀眾的注意力導向你希望他

們注意的地方，並且打造出不同元件的視覺層級，讓觀眾吸收溝通資訊的順序能符合你想要的流程。此處將會仔細探討將顏色當作策略工具的運用方式。另外，本章也會使用實例來闡明上述概念。

● 第5課：設計師思維

　　「先有功能，才決定形式。」（form follows function.）這句產品設計的名言其實也可以應用到資料溝通之上。說到資料視覺化的形式與機能，首先必須要思考，我們希望聽眾如何運用這些資料（機能），接著進行視覺化（形式）、以便順利達到此目的。這堂課當中，我們要討論如何將傳統設計概念應用到資料交流領域。我們會探討功能可見性（affordance）、易用性（accessibility）與美感效果（aesthetics），同時提及稍早介紹過的數個概念，但是使用稍微不同的角度來進行討論。我們也會討論怎麼增加聽眾對視覺設計的接受度（acceptance）。

● 第6課：解析5個好範例

　　詳盡解析有效的視覺呈現方式，便能大有收穫。這堂課當中，我們將會看到5種範例視覺元素，並且利用先前的教學內容，討論這些視覺元素建立過程中的思維與設計選擇。我們將會探討該如何決定圖形種類、在視覺元素中該如何將資料排序。另外還會討論該如何使用顏色、線條粗細與相對大小，來強調或淡化簡報中各種元素的重要性。本課還會討論視覺元素的對齊與擺放位置，以及標題、標籤和註解有效率的寫法。

● 第7課：學習說故事

　　僅由數字組成的資料無法引起我們的共鳴、留下深刻印象，但是故事可就不一樣了。本課當中，我會介紹資料溝通可利用的說故事技巧。我們會看看說故事大師有什麼值得我們學習的特點。一個故事必須要有清晰明瞭的起承轉合；我們會將這套框架應用到商業簡報的建構之上。我將會介紹效率敘事的策略，包括了重複的力量、敘事流暢度（narrative flow）、口說與書面敘事的考量、以及其他能確保故事順利傳達到聽眾耳裡的各種策略。

● 第8課：動手改造爛圖表

　　前面的課程個別討論了不同的重點、示範了不同的應用方式。在這個集大成的章節裡頭，我們將會使用單一的實例，從頭到尾詳盡探討用資料說故事的流程。我們將會確立脈絡、選擇適當的視覺呈現、去蕪存菁、集中聽眾的注意力、運用設計師思維、最後訴說我們想說的故事。這些課程及其創造出來的視覺元素與敘事效果，將能闡明我們要如何從「單純出示資料」變成「用資料說故事」。

● 第9課：5個改造案例

　　倒數第二課當中，將會透過幾個案例研究來探討該如何應對溝通資料常見的挑戰。本課的主題包括了深色背景的色彩安排、上台簡報和書面流通圖表中的動畫使用、建立邏輯、避免麵條圖的策略以及圓餅圖的替代方案。

● 第10課:不只學會,還要越來越好

　　資料視覺化以及運用資料溝通,可說是介於科學與藝術的交叉點。當中絕對有科學成分:有最佳典範和指南可遵循。這領域同樣也帶有藝術成分。你可以應用所學到的內容來創造自己的方式,用你的獨門藝術讓觀眾更容易理解資訊。在最後一課當中,我們將會討論一些實際應用的小訣竅,以及在團隊或組織中提升資料敘事能力的策略。最後將會複習本書所教的要點。

　　總的來說,這些課程內容將會讓你成為用資料說故事的高手。現在我們一同踏上這趟旅程吧!

第1課

有條理，
很重要

你——就是簡報的主角，說故事的人。

一場簡報之前，先別忙著打開Excel的圖表功能，了解你要說什麼故事、說給誰聽、怎麼說，理清楚，才不會說廢話、做白工。

 你可以學到這些

 搞懂各種文書資料在哪種場合用

 不再把投影片當成提詞機，當成故事書

 辨識你要說故事給誰聽，他們關心什麼事

 不廢話的技術：把簡報濃縮成3分鐘故事、1個核心概念

　　雖然這話聽起來可能違反常理，但是要成功將資料視覺化，最該先著手的並非資料視覺化本身。在進行資料視覺化或溝通之前，應該先點花心血和時間梳理溝通需求本身的脈絡（context），才能有條理地表達。本課將會將重點放在脈絡的重要元素，並且討論資料視覺溝通的第一步成功策略。

探索型分析（一百顆牡蠣）vs. 解釋型分析（兩顆珍珠）

　　開始詳細討論脈絡這回事前，有件重要的事得先搞清楚：探索型分析與解釋型分析究竟有何不同。探索型分析是理解資料、判斷什麼內容可能值得強調的過程。進行探索型分析就像扒開牡蠣找珍珠一樣，我們可能扒開了一百顆牡蠣（測試一百種不同假說，或以一百種不同角度檢視資料），才找得到兩顆珍珠。❶ 到了與聽眾交流分析資料時，我們就必須進行解釋型分析，解釋特定的事物，也就是你想說的特定故事──內容說不定與那兩顆珍珠相關。

　　大半情況下，很多人都會誤以為上台時呈現探索型分析的資料即可（直接呈現資料：完整的一百顆牡蠣），但應該呈現的是解釋型分析資料（必須花時間把資料轉變成聽眾能夠吸收的資訊：那兩顆珍珠）。犯這種錯也是人之常情。進行完整的分析之後，的確會有股衝動想要把所有東西都給塞給觀眾看，讓觀眾到你花了多少心血、以及這份分析有多麼完整。努力壓下這股衝動吧，你只是在逼觀眾把所有牡蠣都再扒開一遍而已！將你的演講集中在觀眾需要知道的資訊，也就是你所找到的珍珠。

　　這裡的重點會放在解釋型分析與溝通交流之上。

---

❶ 若讀者對於探索型分析有興趣，可以看看邱南森（Nathan Yau）的著作《數據之美：一本書學會可視化設計》（Data Points）。本書將資料視覺化視為媒介，而非一種工具。書中大半的章節都是在討論資料本身，以及探索、分析資料的策略。

第1課

有條理，很重要

你──就是簡報的主角，說故事的人。

一場簡報之前，先別忙著打開Excel的圖表功能，了解你要說什麼故事、說給誰聽、怎麼說，理清楚，才不會說廢話、做白工。

你可以學到這些

 搞懂各種文書資料在哪種場合用

 不再把投影片當成提詞機，當成故事書

 辨識你要說故事給誰聽，他們關心什麼事

 不廢話的技術：把簡報濃縮成3分鐘故事、1個核心概念

　　雖然這話聽起來可能違反常理，但是要成功將資料視覺化，最該先著手的並非資料視覺化本身。在進行資料視覺化或溝通之前，應該先點花心血和時間梳理溝通需求本身的脈絡（context），才能有條理地表達。本課將會將重點放在脈絡的重要元素，並且討論資料視覺溝通的第一步成功策略。

探索型分析（一百顆牡蠣）vs. 解釋型分析（兩顆珍珠）

　　開始詳細討論脈絡這回事前，有件重要的事得先搞清楚：探索型分析與解釋型分析究竟有何不同。探索型分析是理解資料、判斷什麼內容可能值得強調的過程。進行探索型分析就像扒開牡蠣找珍珠一樣，我們可能扒開了一百顆牡蠣（測試一百種不同假說，或以一百種不同角度檢視資料），才找得到兩顆珍珠。❶ 到了與聽眾交流分析資料時，我們就必須進行解釋型分析，解釋特定的事物，也就是你想說的特定故事——內容說不定與那兩顆珍珠相關。

　　大半情況下，很多人都會誤以為上台時呈現探索型分析的資料即可（直接呈現資料：完整的一百顆牡蠣），但應該呈現的是解釋型分析資料（必須花時間把資料轉變成聽眾能夠吸收的資訊：那兩顆珍珠）。犯這種錯也是人之常情。進行完整的分析之後，的確會有股衝動想要把所有東西都給塞給觀眾看，讓觀眾到你花了多少心血、以及這份分析有多麼完整。努力壓下這股衝動吧，你只是在逼觀眾把所有牡蠣都再扒開一遍而已！將你的演講集中在觀眾需要知道的資訊，也就是你所找到的珍珠。

　　這裡的重點會放在解釋型分析與溝通交流之上。

---

❶ 若讀者對於探索型分析有興趣，可以看看邱南森（Nathan Yau）的著作《數據之美：一本書學會可視化設計》（*Data Points*）。本書將資料視覺化視為媒介，而非一種工具。書中大半的章節都是在討論資料本身，以及探索、分析資料的策略。

對象、內容與方法

在將資料視覺化、製作簡報內容前，有幾項與解釋型分析相關的要點必須先思考釐清。首先：你溝通的對象究竟是誰？觀眾是誰、他們怎麼看你，這些都是相當重要的問題。這可以幫助你知道，該以什麼觀點分析，才能確保他們將你的訊息聽進去。第二：你希望聽眾知道什麼？做出什麼行動？你應該清楚明瞭地指出你希望聽眾有何行動，並將溝通方式和整體交流的氣氛納入考量。

若你能簡潔扼要地回答出這兩個問題，才可以繼續進行到第三個階段：該如何使用資料來訴說你的論點？

我們進一步來看看對象、內容與方法等脈絡元素吧。

對象 Who

● 你的觀眾

越了解你的觀眾，就越有可能溝通成功。避免使用太過簡略的方式來概括化聽眾，如「內部和外部利害關係人」或「有興趣的人」。想要同時與各有需求、相差甚遠的聽眾溝通交流，就像在挖坑給自己跳：你無法以高效率將訊息傳達給每個聽眾，效果絕對比縮小目標聽眾範圍來得差。有時候，這就代表你必須為不同聽眾打造不同的溝通方式。要鎖定聽眾範圍，其中一個方法就是判斷決策者。越了解你的聽眾，就越知道如何引起他們的共鳴、並建構出滿足雙方需求的溝通方式。

● 你

　　思考你跟聽眾的關係、想想看你希望他們怎麼看你，也會有很大的幫助。這次交流是你們第一次碰面嗎？還是你們已經認識好一陣子了？他們是否信任你的專業地位？還是你的可信度還有待建立？在建構你的溝通方式、決定是否使用資料、何時使用資料時，這些考量都相當重要，還有可能影響到想要說的故事的整體順序與流暢度。❷

內容 What

● 行動

　　你希望你的聽眾知道什麼？做出什麼行動？到了這階段，你應該想想要如何讓資料在聽眾腦裡產生共鳴，而且要能夠清楚告訴聽眾為何應該重視這些資料。任何簡報都應該有一個目的：將某樣資訊傳達給聽眾，或是讓聽眾有特定的行動。如果無法簡潔扼要地說出你的目的，你應該要重新思考這次溝通是否真有其必要。

　　不過，許多人碰到這個問題卻感覺渾身不自在。會有這種感覺，通常是因為講者認為聽眾比較清楚情況，因此，是否根據簡報中的資訊來行動，應該交由他們來決定。這個假設完全錯誤。如果分析、交流資料的是你，那麼最清楚情形的也應該是你──這個主題的專家就是你自己。因此，你的角色相當特殊，必須詮釋資料，帶著大家理解、行動。總而言之，負責進行資料交流的講者，

---

❷　南西‧杜爾特（Nancy Duarte）的《視覺溝通的法則》（Resonate）一書當中，建議將你的聽眾想像成主角，而且還介紹了了解聽眾、將聽眾分群、建立共同溝通立場的特定策略。duarte.com 網站上提供免費多媒體版本。

在依據自己的分析做出特定觀察與建議時，需要更有自信。如果你不習慣這麼做，可能會覺得相當尷尬，但是熟能生巧，做久了自然會習慣。要知道，即使你今天抓錯重點或做出錯誤的建議，你還是激起了有效的相關討論。

　　若情勢使然，不方便明說建議行動，那麼就鼓勵你的聽眾進行討論吧。建議各種可行的未來走向是個鼓勵溝通的好方法，這麼一來，你的聽眾就有了討論基礎，而非從一片空白開始。如果你只是單純展示資料，那麼聽眾可能隨便說一句「滿有趣的嘛」，就繼續討論下一個主題。但是，如果你要求行動，聽眾就得決定究竟是否跟從。此作法可以從聽眾身上引出更有效率的反應，進而激出更有效率的討論：如果你一開始沒有建議採取行動，說不定根本就不會有人有所行動。

idea　激發行動的好用字眼

你可以用下列出一些跟行動有關的字眼，激發聽眾做出後續行動：

接受／同意／展開／相信／改變／合作／著手／打造／辯護／渴求／分化／做／同情／准許／鼓勵／參與／建立／檢視／促進／熟悉／形成／實行／包括／影響／投資／鼓舞／了解／學習／喜歡／說服／計畫／宣傳／追求／建議／接收／記得／回報／回應／確保／支持／簡化／開始／嘗試／理解／證實

● 機制

　　你會用何種方式與聽眾交流？你用來與聽眾交流的方式涵蓋了幾大要素，包括你對聽眾吸收資訊方式的控制力、以及資料的詳盡程度。我們可以把溝通

機制看做光譜，最左邊是現場簡報，最右邊是書面文件或電郵，如圖 1.1。從這段光譜兩端，來思考看看你對聽眾吸收資訊方式的控制力大小、以及資料需要的詳盡程度高低吧。

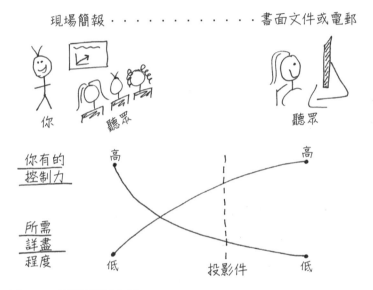

圖1.1　溝通機制光譜

　　現場簡報位於光譜左方，你（講者）可完整控制聽眾吸收資訊的方式、決定聽眾會看到什麼、何時看到。你可以依據視覺提示加快、減緩速度，或是深入介紹某個要點。並非所有資訊都需要原封不動地放進溝通過程（簡報或投影片），因為你是該主題的專家，人在現場就是為了回答所有簡報過程中冒出來的問題，而且即使簡報當中沒有的細節，你都應該做好萬全準備。

idea　現場簡報，熟能生巧

　　別把投影片當成你的提詞機！如果你在簡報當下，發現自己正在把每張投影片一字不漏地大聲唸出，那就代表你犯了這個錯。這麼做只會讓聽眾不耐煩而已。要把簡報做得好，就必須要了解自己的內容，這就代表練習相當重要！別在投影片裡塞太多東西，放上能強化你說的話的就好。你可以用投影片來提醒自己接下來的主題為何，但是絕對不該把你要說的話都塞在裡頭。

　　以下的訣竅能幫助你在準備簡報時熟悉材料：

- 寫下你在每張投影片想提到的重點
- 大聲練習給自己聽：這麼做能夠激發腦力，幫助你記下你的論述。另外，投影片之間的切換常讓講者出包，這麼做，還能強迫你自己銜接得更順利。
- 模擬演講給朋友或同事聽。

　　書寫文件或電郵位於光譜右方，你（文件或電郵的作者）的控制力較小。此情況下，聽眾能控制自己如何消化資訊，需要的詳盡程度通常較高，因為你不在現場，無法對聽眾做出回應。文件本身必須直接針對可能會有的問題做出說明。

　　在理想情況裡，這段光譜兩側的成品會完全不同：現場簡報的投影片會較為簡要（因為若有需要，你本人可以當場進一步解釋），文件上的資料則會較有分量，聽眾必須自行消化。但是，現實當中迫於時間和其他限制，通常都必須用同一件成品同時滿足兩種需求。結果，為了同時解決兩種需求而產生的單一文件——投影件（slideument）應運而生。投影件的出現帶來了不少挑戰，因為它必須滿足各種不同需求，不過該如何克服這些難關將會留到本書後半部再討論。

在溝通流程的開端，最好先辨認出自己要利用的主要溝通工具為何：是現場簡報、書面文件或是其他形式。製作內容時，對聽眾吸收資訊方式的控制與所需詳盡程度會是相當重要的考量。

● 氣氛

你希望在何種氣氛下進行溝通？氣氛也是一項很重要的考量。你是要慶祝成功嗎？還是要督促大家採取行動？主題輕鬆還是嚴肅？你想要的溝通氛圍將會對後續章節的設計選擇造成影響。在踏上資料視覺化一途之前，先決定好你想要建立的整體氣氛吧。

方法 How

只有在我們能清楚說出聽眾是誰、希望他們知道什麼、有何行動之後，才可以拿出資料，問出第三個問題：手邊有什麼資料可以幫助我組織論點？資料成了有力證據，讓你能一步步打造、訴說出你要說的故事。接下來的課程當中將會更進一步討論要如何用視覺呈現資料。

略過不利的資料？

你可能會覺得只拿出支持你的論點的資料、忽視其他資料，能讓你的論點更站得住腳。我建議各位最好別這麼做，只呈現單面資料不但會誤導聽眾，而且還相當危險。眼尖的聽眾可能會戳破故事的漏洞，資料也有可能僅呈現單一面向。脈絡、支持和反對資料的平衡比例會依情境、觀眾與你的信任程度等因素有所不同。

舉個例子說明：對象、內容與方法

來用實例解釋這些概念吧。想像你是小四生的科學老師，暑假的實驗試教計畫剛結束，目的是為了讓學童熟悉比較不受歡迎的科目。你分別在計畫開始和結束時進行了調查，探討學童對科學的觀感是否有所變化。你相信手頭的資料可證明計畫相當成功，未來也想繼續提供暑期科學學習計畫。

我們先辨識聽眾、找出對象吧。可能有幾個不同潛在族群的聽眾會對此資訊有興趣：參與計畫的學生家長、未來報名的學生家長、未來報名的學生、有興趣進行類似計畫的老師、或是控制計畫所需資金的預算委員會。你應該能夠想像，對每群聽眾要說的故事都不一樣，強調的重點可能會有所不同，要不同族群採取的行動也會有所不同。你所拿出來的資料（或是要不要展示資料的決定）可能會因為不同聽眾而有所不同。想像看看吧，如果我們打造出同一種溝通內容、企圖滿足所有族群的需求，到頭來說不定任何一群聽眾的需求都滿足不了。從此可看出，辨認出一群特定聽眾、為這群特定觀眾量身訂做交流內容，是一件多重要的事。

我們先假設，這裡的溝通對象是控制計畫所需資金的預算委員會。

現在已經確立了對象，內容就變得比較容易辨認與確定了。如果溝通的對象是預算委員會，那簡報重點可能會是展示企畫有多成功，以及申請延續計畫的特定資金金額。找出了聽眾是誰、要他們做什麼事之後，接下來我們可以想想看手邊有哪些資料可以用來支持想說的故事。我們可以利用計畫前後蒐集的調查資料，證明學童的確因暑期學習計畫大幅增進對科學的正面觀感。

後面這個例子還會繼續出現，來回顧一下誰是我們的聽眾，我們要他們知道什麼、有何行動，以及可以支持我們論點的資料吧：

對象：控制未來計畫所需資金的預算委員會

內容：暑期學習計畫大成功；請批准○○元的資金，好讓計畫繼續舉辦。

方式：使用試教計畫前後的調查資料證明計畫的成功。

搞懂脈絡：該問的問題

通常，溝通內容的設計都是在他人的要求下進行：客戶、利害關係人或是你的上司。這代表你可能不清楚所有的脈絡資訊，可能需要向請你進行溝通的對象要更多資訊，以便了解整個情境。有時，對方可能會假設你已經知道部分脈絡資訊，或只是沒說出口。以下列出的問題可以協助你釣出這個資訊。如果今天是你要求團隊進行溝通，你可以在他們著手之前先替他們回答這些問題：

- 有哪些必要或相關的背景資料？
- 聽眾或決策者是誰？我們對他們有何認識？
- 聽眾可能有什麼先入為主的偏見，讓他們支持或反對我們的訊息？
- 有什麼可以用來加強論點的資料？聽眾是否看過這些資料？
- 哪裡有風險：有什麼因素會削弱我們的論點，需要主動提出以釐清疑問？
- 理想的成功結果為何？
- 若時間有限、或只能用一句話把資訊傳達給聽眾，你會說些什麼？

我認為最後兩個問題特別能引出深入討論。若要建構出穩固的溝通架構，就必須在開始準備前確定你想達到的結果。在訊息內容套上限制（縮短時間或在一句話之內）可以幫助你把整體溝通內容簡化成最重要的單一訊息。要達到此項目標，我建議各位最好先知道這兩個概念：3 分鐘故事（3-minute story）與

核心想法（Big Idea）。

3分鐘故事 & 核心想法

這些概念主要是讓你將眾多資訊精簡成一個段落，最終淬鍊出一句簡潔明瞭的主張。你必須對自己的資料瞭若指掌，必須清楚最重要的東西為何、哪些東西不需要放進最精華的版本裡。這聽起來簡單，但是簡潔有力通常都比廢話連篇困難多了。數學家兼哲學家布茲萊・巴斯卡（Blaise Pascal）發現自己的母語法文中便有此現象，並曾說出以下言論：「我很想寫封簡短點的信，但是我沒時間」（此話經常是對馬克・吐溫所說）。

● 3分鐘故事

3分鐘故事的概念正如其名：如果你只有3分鐘可以將訊息傳達給聽眾，你會說些什麼？這個辦法可以確保你自己很熟悉、能夠清晰地說出你要說的故事。若你辦得到，代表你簡報時並不需要仰賴投影片或其他視覺元素。要是上司問你在忙些什麼，或是你跟利害關係人搭上同一班電梯、你想替他做個簡介，此概念就能派上用場。若你在議程上的半小時時程被縮短成10或5分鐘，你也可以老神在在。如果你很清楚自己想要傳達的訊息究竟為何，那麼無論時間臨時有了任何變動，你都能夠隨機應變。

● 核心想法

核心想法可以更進一步地刪減無謂資訊，最後濃縮成短短一句話。南西・杜爾特曾經於其著作《視覺溝通的法則》中介紹過此概念。她表示核心想法共有3個元素：

1. 要能闡明你的獨特觀點；

2. 要能說明風險所在；

3. 要是完整的句子。

我們利用之前的暑期科學試教計畫案例，來解釋 3 分鐘故事與核心想法的概念吧。

　　3分鐘故事：我們科學科的老師想找辦法解決三升四年級學生的學習問題。小朋友第一次上科學課時，就先入為主地認為科學一定很難、自己一定不會喜歡，科學老師每學年都要花好一段時間才能讓小朋友跨越這個障礙。於是我們心想，能不能讓小朋友更早接觸科學課呢？這麼做是否可以影響他們的觀感？我們去年暑假實施了一個試教學習活動，想要達到此目標。我們邀請小學學童參加，最後來了許多二年級和三年級學童。我們的目標是要讓他們盡早接觸科學這門學科，希望能讓他們有正面觀感。為了測試此計畫是否成功，我們在計畫的前後對孩童進行了調查。我們發現剛開始時，有 40% 的學生對於科學的觀感是「還算可以」，占了最大比例，活動過後將近 70% 的學生表示對科學有興趣。我們認為此結果證明了活動有其成效，不僅應該繼續舉辦，還應該擴大擴及率。

　　核心概念：暑期試教計畫成功改善學生對於科學的觀感，因此，我們建議繼續舉辦此活動；請核准此計畫的預算。

如此清晰簡短地說出了你的故事後，打造溝通內容就變得簡單許多。接著我們換個角度來討論規畫內容的特定策略：分鏡腳本。

分鏡腳本

設計分鏡可說是事前最能確保精準溝通的流程。分鏡腳本能夠替你的溝通內容組織架構，打造出一個視覺輪廓。決定細節時還可以更動分鏡，但是及早建立好架構能讓你邁向成功。你若辦得到（也合情合理），在此階段即可徵詢客戶或利害關係人意見。此舉可以確保你所規畫的內容可以符合對方需求。

對於設計分鏡腳本，我的良心建議就是：絕對不要從簡報軟體下手。一打開簡報軟體，很容易發生以下慘劇：壓根沒想好該如何拼湊材料、就一股腦地作投影片，最後做出數量龐大的投影片簡報，但傳遞訊息的效率卻奇差無比。除此之外，人一開始用電腦做東西之後，莫名就會產生一種牽絆。就算我們很清楚自己做出的東西不符合標準，應該要修改或直接捨棄不用，這股牽絆會讓我們捨不得下手，因為我們已經投入了太多心血。

不一開始就用電腦，就可以避免產生不必要的牽絆（也可以避免白費心血）。白板、便利貼甚至白紙，都是你的好朋友。跟大費周章用電腦做檔案相比，在紙張或便利貼上劃去資料、或直接丟進垃圾桶，感覺比較不會那麼心疼。我喜歡在設計分鏡腳本時使用便利貼，因為你可以輕鬆重新排列（或是增減）簡報順序，或是嘗試看看不同的敘事流程。

若用暑期科學學習計畫的例子來設計分鏡，結果看起來可能會像圖1.2。

在這個範例的分鏡腳本中，核心想法落在最後的建議裡。我們可以考慮將核心想法調到最前頭，確保觀眾不會錯過重點，並且在一開始就說明為何要進行溝通、為何這件事值得他們注意。第7課當中將會進一步討論其他與敘事順序和流暢度相關的考量。

問題：
孩童對科學
學科的觀感
不佳

展示問題：
放出學年間的
學生作業成績

提出
能克服此問題
的主意，
包括試教計畫

描述試教計畫
的目標等等

放出活動前後
的調查資料，
證明計畫成功

建議：
試教計畫成功，
建議擴大舉辦，
需要資金

圖 1.2　分鏡腳本範例

 第 1 課重點複習

　　在解釋性分析這個領域，若能夠在開始設計溝通內容前，精簡準確地回答你想溝通的對象以及你想傳達的內容，便能減少重複的可能，有助你建構的溝通內容能達到目標。應用 3 分鐘故事、核心想法以及分鏡腳本等概念，讓你簡短扼要地說出你的故事、辨識出你想要的流程。

　　在設計交流內容前先停下腳步，感覺像是在扯自己後腿，但其實這麼做能夠在你開始打造簡報內容前，建立穩固的認知基礎，省下未來犯錯會花的時間。

　　第一堂課到此結束，現在各位都了解有條理的重要性了吧。

選對有效的
視覺元素

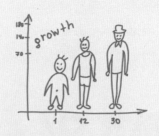

視覺元素百百種,每種都有最恰當的使用方法。
這一課要用案例帶你了解如何用得巧妙,以及避開地雷。

 你可以學到這些

 適時單用文字,比圖表更有力量

 折線圖是表示趨勢的利器

 圓餅圖容易誤導觀眾,千萬謹慎

 3D立體圖是地雷!

　　圖表與其他資訊視覺呈現的方式有很多種，但是要滿足你大半的需求，其實只需要少數幾種就夠了。回頭看看我過去一年替工作坊和其他諮詢計畫設計的視覺元素，數量多於一百五十個，但是我用的視覺元素種類其實只有十幾種（圖 2.1）。以下是這堂課會集中介紹的視覺元素。

91%

純文字

散布圖

	A	B	C
類別 1	15%	22%	42%
類別 2	40%	36%	20%
類別 3	35%	17%	34%
類別 4	30%	29%	26%
類別 5	55%	30%	58%
類別 6	11%	25%	49%

表格

折線圖

	A	B	C
類別 1	15%	22%	42%
類別 2	40%	36%	20%
類別 3	35%	17%	34%
類別 4	30%	29%	26%
類別 5	55%	30%	58%
類別 6	11%	25%	49%

熱區圖

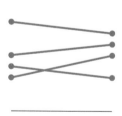

斜線圖

圖 2.1　我最常使用的視覺元素

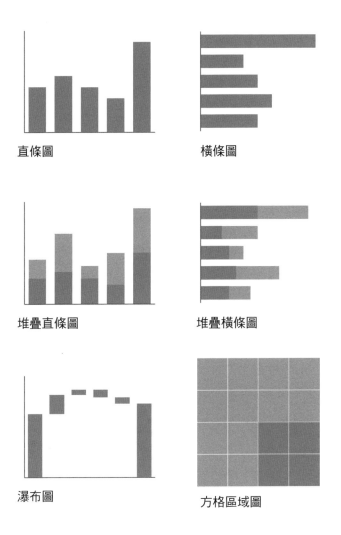

直條圖

橫條圖

堆疊直條圖

堆疊橫條圖

瀑布圖

方格區域圖

數據少，就用「純文字」

　　若要分享的數據只有少數一兩個，純文字可能是最適合的溝通方式。盡可能讓數字越顯眼越好，並考慮只用數字和幾個字來簡潔扼要地傳達你的訊息。將一個或少數幾個數據做成表格或圖表，除了可能會誤導聽眾，氣勢也少了好

幾分。若要交流的數據只有一兩個，那麼考慮就以數字本身為重點吧。

為了闡明此概念，來用以下的實例說明吧。皮尤研究中心（Pew Research Center）2014 年 4 月針對全職母親的報告裡頭，就放了一張類似圖 2.2 的圖表。

有「傳統」
全職母親的孩童

母親為全職主婦、
父親工作賺錢的孩童比例

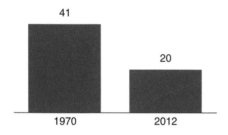

備註：調查對象為18歲以下的孩童。
母親的分類以1970與2012年的職業狀態
為依據。

資料來源：1971與2013年，皮尤研究中心
綜合公共利用微數據系列當期人口調查
（IPUMS-CPS）的分析。

改編自 皮尤研究中心

圖 2.2　全職母親調查的原圖表

手上有數據不代表你一定要用上圖表！圖 2.2 當中其實只有兩個數據，但是卻用了一堆文字和空間。該圖其實不太能幫助聽眾詮釋數據（而且資料標記在直條上方，你的相對高度知覺會受到影響，無法從視覺上看出 20 根本不到 41 的一半）。

此案例中，一句簡單的句子其實就已足夠：2012 年有 20% 的孩童有傳統全職母親，1970 年則為 41%。

在做簡報或報告時，你也可以使用類似圖 2.3 的視覺元素。

20%

的孩童母親
為傳統全職主婦
此為2012年資料，1970年為41%

圖 2.3　全職母親純文字大改造

順帶一提，此例中有另一個考量，你也可以考慮從完全不同的單位來展示此數據。舉例來說，你可以用改變比例來呈現數據：「從 1970 到 2012 年，有傳統全職母親的孩童比例降低了 50% 以上」。不過，若想將多項數據化簡為單一數據，我建議各位三思而後行──記得先考慮這麼做可能會喪失哪些脈絡資訊。在此案例中，我認為實際數字的幅度（20% 與 41%）有助聽眾詮釋、理解變化。

若需要溝通的數據只有一兩個：直接使用數字即可。

若你有更多的資料想要呈現，通常就得用表格或圖表。不過要記得，聽眾和這兩種視覺元素的互動方式相當不同。我們來個別深入討論這兩者，看些特定類別的圖表與使用實例吧。

「表格」的主角是資料

表格會對我們的語文系統起作用，意思就是我們會閱讀表格。如果有個表格在我眼前，我通常會伸出食指，由左欄讀到右欄、從上列讀到下列，或是比

較不同數值。表格的確適合這種情境，用來與一群形形色色、分子混雜的聽眾溝通，讓所有成員各自注意自己有興趣的那一排。如果需要使用不同測量單位進行溝通，表格通常也會比圖表來得一目瞭然。

idea　現場簡報少用表格

　　在現場簡報使用表格不是個好主意。聽眾閱讀表格時，耳朵便不會專心聽你說話，因而無法將你的論點聽進耳裡。若發現自己的簡報或報告裡出現了表格，問問你自己：你想傳遞的論點為何？八成有更好的方法能夠抽出重要資料，並將其視覺化。若你覺得這麼做會流失太多東西，你可以考慮是否要將整張表格放在附錄，再放上連結或引用。

　　使用表格時要記得，表格設計是配角，主角應該是資料才對。別讓加粗的框線或陰影搶了聽眾的注意力。考慮使用淺色框線，或直接用白色方格區分表格中的元素。

　　請看圖 2.4 的表格範例。注意第二、三個表格（淺色框線、極簡框線）中，資料本身比表格的結構元素更為搶眼。

加粗框線

群組	度規 A	度規 B	度規 C
群組 1	$X.X	Y%	Z,ZZZ
群組 2	$X.X	Y%	Z,ZZZ
群組 3	$X.X	Y%	Z,ZZZ
群組 4	$X.X	Y%	Z,ZZZ
群組 5	$X.X	Y%	Z,ZZZ

淺色框線

群組	度規 A	度規 B	度規 C
群組 1	$X.X	Y%	Z,ZZZ
群組 2	$X.X	Y%	Z,ZZZ
群組 3	$X.X	Y%	Z,ZZZ
群組 4	$X.X	Y%	Z,ZZZ
群組 5	$X.X	Y%	Z,ZZZ

極簡框線

群組	度規 A	度規 B	度規 C
群組 1	$X.X	Y%	Z,ZZZ
群組 2	$X.X	Y%	Z,ZZZ
群組 3	$X.X	Y%	Z,ZZZ
群組 4	$X.X	Y%	Z,ZZZ
群組 5	$X.X	Y%	Z,ZZZ

圖 2.4　表格框線格式

框線設計的目的應該是要讓表格更容易閱讀。考慮使用灰色框線，或直接拿掉框線，讓框線變成配角。搶眼的應該是資料本身，而非框線。**❶**

接下來要討論的是一種特殊的表格：熱區圖。

● 熱區圖

熱區圖是一種使用視覺效果，在表格中加入細節的方式。熱區圖可以在表格格式當中將資料視覺化，取代數字（或兩者並存），利用儲存格顏色顯現該數字的相對規模。

圖 2.5 分別以表格和熱區圖的方式展現綜合資料。

表格

	A	B	C
類別 1	15%	22%	42%
類別 2	40%	36%	20%
類別 3	35%	17%	34%
類別 4	30%	29%	26%
類別 5	55%	30%	58%
類別 6	11%	25%	49%

熱區圖

低-高

	A	B	C
類別 1	15%	22%	42%
類別 2	40%	36%	20%
類別 3	35%	17%	34%
類別 4	30%	29%	26%
類別 5	55%	30%	58%
類別 6	11%	25%	49%

圖 2.5　相同資料的兩種展現方式

圖 2.5 的表格中，你必須自行閱讀資料。我用眼神快速掃描了欄列，大致了解情況、判斷數字高低，並在腦海中排列表格類別的順位。

為了簡化腦袋的這段程序，我們可以使用色彩飽和度（color saturation）來提供視覺提示，幫助眼睛和大腦更快鎖定值得注意的重點。在右手邊稱為「熱

---

❶ 若欲進一步了解表格設計，可參考史提芬‧菲爾（Stephen Few）的著作《*Show Me the Numbers*》。書中有一整個章節以表格設計為主題，討論了表格組成元素以及表格設計的最佳實務範例。

區圖」的表格中，藍色飽和度越高，數字就越高。原本的表格沒有任何視覺提示能幫助引導我們的注意力，使用熱區圖的話，我們的腦袋就能夠更容易、更快速地找出光譜的兩端—也就是最低（11%）與最高（58%）的數字。

製圖軟體（如 Excel）通常內建條件格式化的功能，能讓你輕鬆套用類似圖2.5 的格式。不過，應用熱區圖時，記得一定要放個圖例協助讀者詮釋資料（此處則為熱區圖下方的低－高副標題，顏色與條件格式化對應的顏色相同）。

接下來，我們來討論資料交流時最常讓人想到的視覺元素：圖表。

4 種常用「圖表」

表格能對語文系統起作用，圖卻是對視覺系統起作用，視覺系統處理資訊的速度比語文系統來得快。這代表，設計良好的圖表傳遞資訊的速度比設計良好的表格快。這堂課初我曾提過，圖表類型數都數不盡。不過，幸好只需要少數幾種，就能符合你的日常需求。

我經常使用的圖表種類可分成 4 類：點型圖（points）、線型圖（lines）、條狀圖（bars）與區域圖（area）。我們將會進一步探討這些圖表，並且討論我日常使用的種類，並為各種圖表提供實例。

是圖表還是圖？

有些人認為圖表（chart）和圖（graph）有所區別。通常來說，「圖表」是較大的類別，「圖」則是其中一種子類別（其他圖表種類包括地圖和線圖〔diagram〕）。我通常不會特別區分，因為我日常工作會碰到的圖表幾乎都是圖。本書並未將兩個詞特別區分。

用「點型圖」看分布

● 散布圖

　　散布圖（scatterplots）很適合展示兩者之間的關係，因為你可以同時將資料轉換成水平 X 座標軸和垂直 Y 座標軸，看看兩者之間有何關係。通常散布圖較常使用在科學領域（也有可能是因為不熟悉科學的人認為這種圖難以理解）。商業界雖然不常使用，但是偶爾也會見到類似案例。

　　舉例來說，假設我們是巴士公司的主管，想要探討里程數與每哩成本是否有關聯，做出的散布圖可能類似下圖 2.6。

每哩成本與里程數

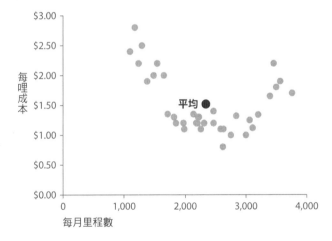

圖 2.6　散布圖

　　如果我們主要想探討每哩成本高於平均的案例，可將散布圖稍加修改，更迅速地吸引聽眾注意，成品如圖 2.7。

每哩成本與里程數

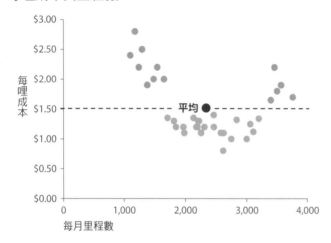

圖2.7　修改過的散布圖

從圖 2.7 當中，我們可以歸納出以下的觀察要點：觀察樣本當中，里程數低於 1,700 哩或高於 3,300 哩，每哩成本就會高於平均值。後續的章節當中將會進一步討論此處的設計選擇以及背後原因。

用「線型圖」看關聯

線型圖最常使用來繪製連續資料。不同點之間由線相連，暗示了各點之間有其關聯，從分類資料（分成不同類別的資料）中是無法看出的。通常連續資料是以時間單位繪製：日、月、季或年。

我經常使用的線型圖有兩種：標準折線圖與斜線圖。

● 折線圖

折線圖（line graph）可以呈現單組資料、雙組資料或多組資料，如圖 2.8。

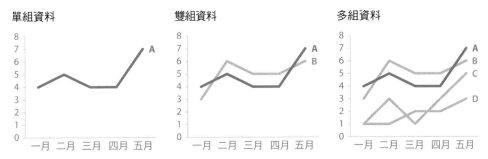

圖 2.8　折線圖

注意，在繪製折線圖水平 X 軸的時間時，繪製的資料間隔必須一致。我最近看到一張圖，X 軸從 1900 年起以十年為一單位（1910、1920、1930 等），但是 2010 年後單位突然轉成一年（2011、2012、2013、2014），代表十年間隔與一年間隔的點距離看起來皆相同。這麼呈現資料會誤導聽眾。記得繪製的時間點一定要一致。

 在折線圖上標示全距內的平均

在部分情況下，折線圖的線代表的可能是綜合數據，像是平均值，或是預測的點估計值。如果你想要標示全距（或信賴水準，視情況而定），你也可以將此全距視覺化，直接標於圖上。舉例來說，圖 2.9 呈現了某座機場的護照檢查處十三個月內的最低、平均與最高等待時間。

護照檢查處等待時間

過去**13**個月

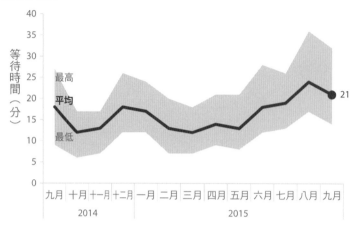

圖2.9　在折線圖上標示全距內的平均

● 斜線圖

　　當你有兩段時間或兩個比較點，並且想要一目瞭然地表示兩個資料點間不同類別的增減或差異，斜線圖（slopegraph）便相當適合。

　　要解釋斜線圖的價值與使用方式，最好的辦法是直接透過實例。想像你正在分析一份近期的員工回饋調查，並要用此資料進行交流。若要呈現不同調查類別從 2014 至 2015 年的相對變化，完成的斜線圖可能會類似圖 2.10。

　　斜線圖中濃縮了許多資訊。除了絕對值（點）之外，連接點之間的線能讓你以變化率（rate of change）看出增減幅度（透過斜率或方向），又不用特別解釋究竟是怎麼一回事，或者「變化率」是什麼玩意──簡單來說，斜線圖相當符合直覺。

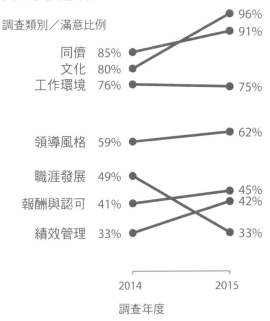

員工回饋變化

調查類別／滿意比例

	2014	2015
同儕	85%	96%
文化	80%	91%
工作環境	76%	75%
領導風格	59%	62%
職涯發展	49%	45%
報酬與認可	41%	42%
績效管理	33%	33%

調查年度

圖 2.10　斜線圖

 idea 斜線圖樣板

　　通常繪圖軟體的標準圖表並不包括斜線圖，要製作需要多花點耐心。欲下載包含範例斜線圖與特製教學的 Excel 樣板，可至此連結：storytellingwithdata.com/slopegraph-template。

　　斜線圖能否應用在你所面對的情境上，端看資料本身是否適合。如果畫出來的許多線重疊在一起，斜線圖可能就失去作用，不過在某些情況下，輪流強

調每組資料還是行得通。舉例來說，以下便為將注意力導向單一類別數值降低的例子。

員工回饋變化

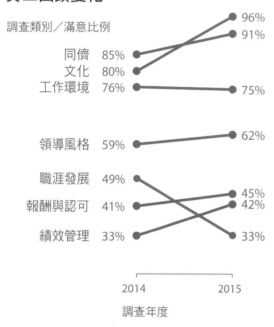

圖2.11　修改過的斜線圖

我們一看到圖2.11，就會馬上將注意力集中在「職涯發展」的下降，其他資料則淡化為背景脈絡，不會使人分心。第4課討論前注意特徵（preattentive attributes）時，將會介紹此策略背後的原理。

線型圖適合呈現隨著時間變化的資料，但若是碰到資訊分門別類的分類資料，條狀圖會是我的首要選擇。

用「條狀圖」比多少

處理資料時，有時會避開太過常見的條狀圖，但其實根本不該有這種顧慮。反過來說，正是因為條狀圖很常見，觀眾較容易理解，更應該善加利用。要觀眾把腦力花在設法看懂圖表上，不如讓他們將心力拿來吸收視覺元素中的資訊。

從閱讀難易度來說，條狀圖可以使我們一目瞭然。我們的眼睛會比較長條的長度，所以很快便能看出哪個類別最大，哪個類別最小，以及不同類別之間的差異。在此需特別注意，因為眼睛會比較長條的相對長度，所以條狀圖一定要以零為基線（X 軸與 Y 軸交叉的地方需為零），不然就會造成錯誤的視覺比較效果。

請參考自 FOX 新聞擷取的圖 2.12。

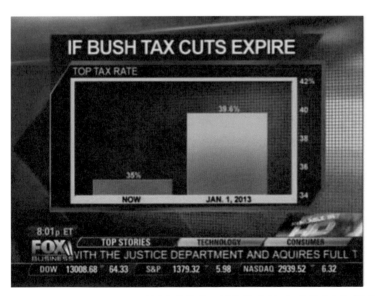

圖 2.12　FOX 新聞條狀圖（若布希減稅政策中止的最高稅率）

看看這個例子，假設我們回到 2012 年的秋天，當時大家都在關心布希減稅方案中止會帶來的影響。左手邊的是目前的最高稅率 35%，右手邊為一月一號的新稅率 39.6%。

一看到這張圖，會讓你對減稅政策中止有何感受？或許會很擔心稅率大增？我們拉近點看看這張圖吧。

注意，垂直 y 軸最下面的數字（最右方）並非 0，而是 34。這代表理論上來說，長條應該繼續延伸到頁面下方。以數字來看，這種繪圖方式的視覺增加幅度為 460%（長條的高度為 35-34=1，以及 39.6-34=5.6，所以〔5.6-1〕/1=460%）。如果我們以零為基線重新繪製條狀圖，準確呈現出高度（35 與 39.6），那麼便能得到 13% 的實際視覺增加幅度（39.6-35/35）。來看看圖 2.13 的並置比較圖吧。

非零基線：原本的製圖方式　　**零基線：正確的製圖方式**

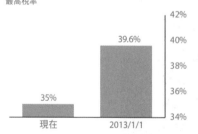

圖 2.13　條狀圖的基線必為零

圖 2.13 中，若採用正確的製圖方式，左邊看似極大的增加幅度便會大幅縮水。也許增稅沒那麼可怕，或該說：沒有原本新聞所描述的那麼可怕。因為我們的眼睛會比較長條的相對端點，所以必須在圖中擺上整條長條，才能夠做出

正確的比較。

　　你可能也注意到了，此視覺元素的重製版當中也做了幾項設計修改。Y軸標籤原本放在右手邊，但現在被移到了左手邊（這樣看到實際的資料前就可以先知道要如何詮釋資料）。原本在長條外的資料標籤被放進長條裡頭，避免畫面太過擁擠。如果不是為了這堂課的教學，我也可能會直接刪除Y軸，只在長條內放進資料標籤，減少多餘的資訊。不過，此處我保留了Y軸，讓各位清楚看到基線需從零開始。

idea　圖軸與資料標籤

　　繪製資料時，經常需要決定是否保留座標軸，或是刪除軸，直接標記資料點。做出決定前，先考慮是否呈現詳細數據。如果你希望聽眾將注意放在大趨勢上，那麼可以考慮保留軸，將字型色彩改成灰色，讓它不那麼搶眼。如果特定的數值很重要，那麼最好直接標記資料點。後者的情況中，通常建議直接省略軸，避免讓圖表上有多餘資訊。記得一定要想想你希望聽眾如何使用視覺元素，並依此打造圖表。

　　此處我們所學到的準則就是：條狀圖一定要有零基線。注意，這項準則並不適用於線型圖。線型圖的重點是空間當中的相對位置（而非基線或軸到端點的長度），基線非零也沒關係。不過，在處理時還是小心為妙，記得向聽眾說明基線非零、而且也將脈絡納入考量，如此便可避免微小的變化或差異被過度放大。

資料視覺化要遵守道德原則

　　但是，如果更改長條圖的比例、或用其他方式操縱資料，能夠更進一步加強你的論點，那該怎麼辦？以偏差方式繪製資料、刻意誤導觀眾，是絕對不該做的事。除了不道德外，還相當危險。只要有一名細心的聽眾注意到問題所在（例如長條圖的 Y 軸並非從零開始），你的整個論述基礎就會崩潰，可信度也會隨之瓦解。

　　既然談到了條狀圖的長度，我們也花點時間來談談條狀圖的**寬度**吧。寬度沒有什麼固定的規則，不過，大致來說長條的寬度應該大於空白的縫隙。可是，長條也不可以寬到讓聽眾想要比較面積，而非長度。來看看以下三種長條圖：過細、過粗、適中。

過細

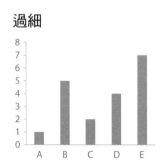

過粗

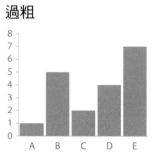

適中

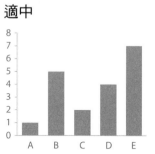

圖 2.14　長條寬度

　　我們大致討論了幾種條狀圖的最佳操作方式，接著來看看一些不同的條狀圖種類吧。具備製作各種條狀圖的能力，便能在面對不同資料視覺化難關時遊刃有餘。我會挑出一些我認為各位應該熟悉的條狀圖類型，並一一介紹。

● **直條圖**

　　最簡單的條狀圖就是直條圖（vertical bar chart），又稱柱形圖（column chart）。如折線圖一樣，直條圖可以呈現單組、雙組與多組資料。要注意的是，資料組數越多，就越難集中在單一資料上進行觀察，因此有多組資料時，使用直條圖要特別小心。另外，若直條圖包括超過一組資料，間隔變窄，長條也容易擠在一塊兒，分類的相對順序因此相當重要。想想看你希望聽眾能夠比較什麼資料，並依此安排你的分類層次，盡可能讓聽眾能輕鬆完成你想要的目標。

單組資料

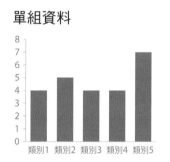

雙組資料

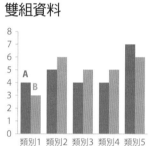

多組資料

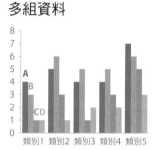

圖 2.15　直條圖

● **堆疊直條圖**

　　適用堆疊直條圖（stacked vertical bar chart）的情況較少。堆疊直條圖可以讓你比較不同類別的總和，同時檢視同一類別中的次要元素。不過，這類圖很容易讓聽眾眼花撩亂，尤其大多數繪圖軟體當中又有五花八門的預設顏色配置（稍後將會詳述）。除了最底層的元素之外（緊鄰 X 軸的元素），其他次要元素少了比較用的一致基線，進行跨類別比較實在並非易事，請見圖 2.16。

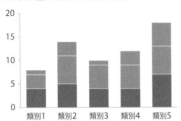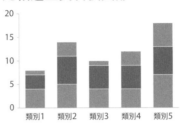

圖2.16　以堆疊直條圖比較不同組資料

　　堆疊直條圖的繪製方式有兩種，以絕對值繪製（直接繪製上數字，如圖2.16），或以各段總和為 100% 的方式繪製（繪製出直條上每一段與總和的百分比，第 9 課將會以實例示範）。各位應該依照你想與聽眾交流的資料做出選擇。使用 100% 堆疊直條圖時，想想看是否應該也列出每個類別總和的絕對值（可直接標於圖上空白處，也可使用註腳），以幫助資料詮釋。

● 瀑布圖

　　瀑布圖（waterfall chart）可以用來拆解堆疊直條圖的各個片段，以個別集中討論各段資料，或呈現起點、增減，與最後造成的終點。

　　要解釋瀑布圖的使用時機，最好的辦法就是透過實例。假設你是人資服務經理，想要了解過去一年所資助的客戶集團員工人數（headcount）變化，並且與他人交流這份資料。

　　若以瀑布圖解析人數變化，繪製出來的結果可能會類似圖 2.17。

2014 人數增減
雖然轉出團隊的員工多於轉入員工，
積極聘雇使得整體人數在一年間增加了16%。

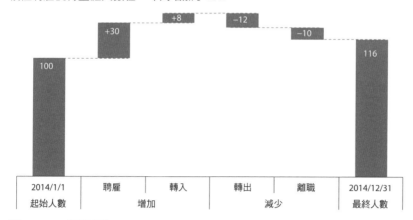

2014/1/1	聘雇	轉入	轉出	離職	2014/12/31
起始人數	增加		減少		最終人數

圖2.17　瀑布圖

　　左邊是該團隊在年初的員工人數，右邊首先看到的是增加的人數：新聘員工與從其他部門轉進團隊的員工。接下來則是減少的人數：轉去其他部門的員工以及裁員數量。最後的直條代表年初人數經過增減後所得到的年末員工人數。

idea　原始瀑布圖

　　如果你的繪圖軟體未內建瀑布圖功能，那也別擔心。你只需要先製作出堆疊長條圖，接著讓第一組資料（離 X 軸最近的那組）隱形就好了。雖然過程可能需要稍微計算一下，但成品絕對沒問題。我曾於部落格上發表相關文章，文中附有以 Excel 製作的範例瀑布圖，以及自製瀑布圖的教學指南，請至：storytellingwithdata.com/waterfall-chart。

● 橫條圖

　　若要我挑選一種圖表來製作分類資料，我會毫不遲疑地選擇橫條圖（horizontal bar chart）。為什麼？因為橫條圖非常容易閱讀。類別名稱較長的資料特別適合製成橫條圖，因為文字從左寫起正好符合大半聽眾的閱讀習慣，因此聽眾便能輕鬆閱讀。另外，我們處理資訊的順序通常是由左上方開始，用眼神以「之」字型的方式閱讀螢幕或書頁，因此，橫條圖的結構可以讓讀者先看到類別名稱，再看到實際資料。這代表我們看到資料時，已經對資料的意義有了個底（不像看直條圖時，眼神會不斷在資料與類別名稱間飄來飄去）。

　　橫條圖與長條圖一樣，可以包含單組、雙組或多組資料（圖 2.18）。

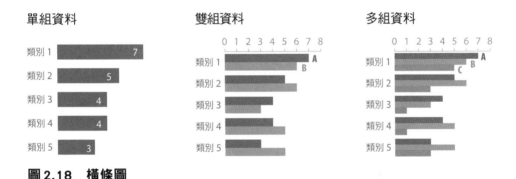

圖 2.18　橫條圖

合理的類別排序

　　設計分類資料的圖表時，類別的排序一定要詳加考慮。如果類別原本就有順序，也可以直接使用。舉例來說，如果你的類別是年齡層，如 0-10 歲、11-20 歲等等，那就按照數字排列保留原本的排序。不過，如果你的類別沒有什麼順序可言，那就想想看如何排列資料最合理吧。細心安排順序，可為聽眾提供基礎，讓詮釋過程更流暢。

　　聽眾（無其他視覺提示的情況下）通常會從視覺元素的左上方開始，並依「之」字型一行行往下閱讀。這代表聽眾會從圖表的最上方開始。如果數據最大的類別最為重要，可以考慮將該類別排在第一，並將其他類別按照數據遞減排列。若數量最小的類別最為重要，那就將其放在最上方，並依數據遞增排列。

　　若欲參考合理資料排序的實例，請見第 9 課的案例③。

● 堆疊橫條圖

　　堆疊橫條圖（stacked horizontal bar chart）與堆疊直條圖類似，都能用來呈現不同類別的總和，同時讓聽眾對次要元素的組成有概念。堆疊橫條圖也可以選擇使用絕對值或化成百分比來繪製。

　　若尺度有正有負，將其化成百分比，繪製成堆疊橫條圖，可以使整體和各個區段的資料一目瞭然，因為最左邊和最右邊的基線皆為一致，很容易比較最左與最右的區段。舉例來說，以李克特量表（Likert scale，調查經常使用的量表，選項通常介於「非常不同意」到「非常同意」之間）設計的調查資料，就很適合以此方法進行視覺化，如圖 2.19。

調查結果

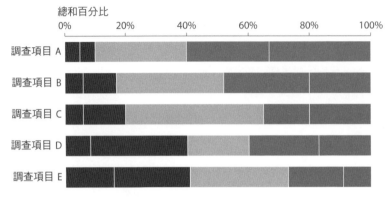

圖 2.19　**百分比堆疊橫條圖**

用「區域圖」看差異

　　區域圖大都讓我避之唯恐不及。人類的眼睛並不擅長預估二元空間的量化數值，區域圖因此可能比上述其他種視覺呈現方式都難以閱讀。所以，我通常都會盡量避免使用區域圖，但在某種情況下另當別論：要將規模差異甚大的數字視覺化時。使用二元方格（有高又有寬，不像長條只有高或寬）繪製此類資料，會比一元方式來的簡潔，如圖 2.20。

面試解析

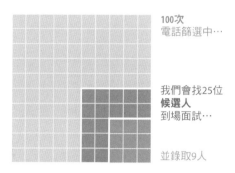

圖 2.20　方格區域圖

其他種類圖表

　　目前為止介紹的都是我經常使用的圖表。當然，我常用的圖表種類不只這些，但是以上圖表類型應該足以應付你大半的日常需求。深入資料視覺化的新奇領域之前，必須先打好基礎才行。

　　圖表有千百種。選擇圖表時，最重要的考量就是要清楚地將訊息傳遞給聽眾。若不熟悉視覺元素，要將它們變得平易近人，就得多花點心力。

圖解資訊（Infographics）

　　圖解資訊一詞經常遭到誤用，其實這詞就是在指資訊或資料的圖像表現。結合圖解資訊的視覺元素可以很空洞，也可以很充實。空洞的圖解資訊經常加了許多裝飾、放大的數字以及卡通圖案。這些設計有其視覺吸引力，可能會吸引讀者。但是，看第二眼會發現這些設計元素其實很膚淺，還會讓明眼人反感。此時，「圖解資訊」一詞便不太恰當，因為當中的資訊並不多。另一方面，充實的圖解資訊便如其名，能夠傳遞資訊給讀者。資料新聞學領域便有許多圖解資訊的佳例（如《紐約時報》與《國家地理雜誌》）。

　　在開始設計前，資訊設計師一定要對某些關鍵問題有很清楚的答案，即先前討論過的與資料敘事脈絡相關的問題。誰是聽眾？你要讓他們知道什麼？做出什麼行動？只有在設計者能夠簡單扼要地回答這些問題後，才能夠選擇出最適合幫忙傳遞訊息的呈現方式。無論是圖解資訊或其他視覺元素，好的資料視覺化絕對不是針對某個主題的資料大雜燴，而是要能說出背後的故事。

盡量別用的圖表：圓餅圖

　　到目前為止，我們討論了我在商業溝通時最常使用的視覺元素。此外，有幾種特定圖表最好避免使用：圓餅圖、環圈圖、3D 立體圖與雙（垂直）Y 座標軸，接下來將一一討論。

● 萬惡的圓餅圖

　　從我寫過的文字裡頭，便可輕易看出我有多不喜歡圓餅圖。簡而言之，圓餅圖是萬惡淵藪。要了解我為何會下此結論，就先來看個例子吧。

　　圖 2.21 的圓餅圖（依實例改編）呈現了 A、B、C、D 四個供應商的市占率。若我請你看看圖，並依圖告訴我哪間供應商的市占率最大，你會怎麼回答？

供應商市占率

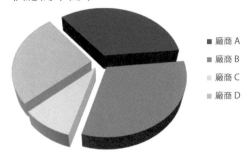

圖 2.21　圓餅圖

　　大多人都會認為是右下方青色的「廠商 B」市占率最高。如果要你預估廠商 B 的市占比例，你會如何回答？

　　35%？

　　40%？

　　或許你從我的問題當中早已發現事情不太對勁。看看加進實際數字的圖 2.22 吧。

供應商市占率

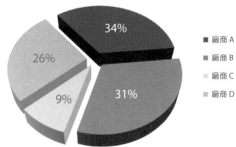

圖 2.22　各區塊標上數字的圓餅圖

「廠商 B」看似面積最大，但實際數字為 31%，其實上方看似面積較小的「廠商 A」市占率更高。

　　我們來討論一下詮釋資料的過程出現了什麼問題吧。首先，最容易吸引聽眾目光（也最容易引起明眼觀眾懷疑）的便是這張圖採用的立體設計和古怪視角。整張圓餅圖以傾斜方式呈現，導致上方的區塊看似距離較遠，因此面積縮水了，下方的區塊則看似距離較近，面積有放大的錯覺。稍後將會繼續討論立體圖形，但是我現在就要先將一項相關的資料視覺化原則告訴各位：千萬別用立體圖！立體圖一點好處也沒有，甚至還會帶來一堆害處，上述便為立體圖扭曲數據視覺觀感的實例。

　　即便我們抽走立體設計、將圓餅圖回歸平面，資料詮釋還是有難度。人類的眼睛並不擅長判斷二元空間的量值。簡而言之：圓餅圖難以閱讀。若各個區塊的數值相近，要判斷雙方大小便會相當困難（甚或不可能辦到）。就算區塊尺寸差異明顯，你頂多也只能看出哪塊比較大，但無法精確說出大了多少。要克服這個難關，你也可以像上例般加上資料標籤，不過我還是認為不值得把空間分配給此類圖表。

　　那有什麼替代方案呢？其中一個辦法就是使用橫條圖取代圓餅圖，並以高到低或低到高排列（除非類別有其自然排序，如前述），如圖 2.23。記得，我們的眼睛看到長條圖時會自行比對端點。因為長條圖全都排列在同一條基線上，因此較容易判斷相對大小。這樣一來不只能得知哪個區段最大，還可以得知比其他區段大了百分之幾。

廠商市占率

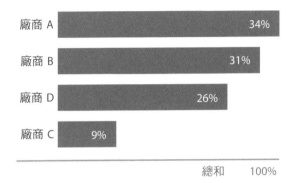

圖 2.23　圓餅圖的替代方案

　　可能會有人認為圓餅圖轉換成長條圖會少了些味道，圓餅圖的獨特之處就是以圓滿的圖形表示各部分的組成。但是如果視覺元素難以閱讀，那這麼做真的值得嗎？圖 2.23 中，我加註了每個區段的總和為 100%。雖然這不是十全十美的解決辦法，但至少值得考慮一下。想知道還有哪些替代方案可以取代圓餅圖，請參考第 9 課的案例研究⑤。

　　如果你發現自己不小心用了圓餅圖，停下來問問自己：為什麼？如果你可以回答這個問題，代表你在選用圓餅圖前已經做過詳盡思考，但畢竟如上述所說，圓餅圖難以詮釋，還是不該做為你的首要選擇。

　　既然說到了圓餅圖，那就來看看另一種也應該避免的「圓圈圖」：環圈圖。

環圈圖

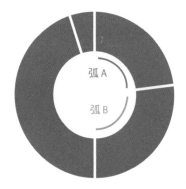

圖 2.24　環圈圖

　　圓餅圖是要求聽眾比較角度和面積，環圈圖則是要求聽眾比較弧長差距（如圖 2.24 便是在比較弧 A 與弧 B 的長度）。你對於自己眼睛判斷弧長量值的能力有多少自信？

　　沒什麼信心吧？我就知道。別用環圈圖就是了。

向立體圖說「不」

　　資料視覺化有一項黃金守則：千萬別用立體圖。因為很重要，跟著我說三次：千萬別用立體圖、千萬別用立體圖、千萬別用立體圖。唯一的例外就是你真的要畫三次元的資料（就算如此，處理起來還是相當棘手，務必小心），而且一次元的資料千萬不能用立體圖形來繪製。如同先前的圓餅圖例，立體圖會扭曲數字，讓聽眾很難、甚至不可能詮釋或比較。

　　將圖表繪製成 3D 立體設計，就必須加入不必要的圖表元素，如側板和底板。除了這些可能讓人分心的元素外，製圖軟體還經常會在繪製立體數值時出

差錯。舉例來說，你可能會以為製圖軟體在繪製立體長條圖時，會從正面或是背面繪製長條。很不幸，狀況經常沒那麼直接。舉例來說，Excel 當中立體長條圖的高度是依一面與 Y 軸高度對應的隱形斜板所決定。繪製出來的成品可能會類似圖 2.25。

問題數量

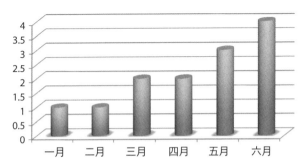

圖 2.25　立體柱條圖

你能從圖 2.25 當中看出一月與二月的問題數量為多少嗎？其實這兩個月份的問題數量皆為 1。但從圖表上看來，若將長條長度與後方的格線比對，並且往左對到 Y 軸，預估的數值大約只有 0.8。這是很糟糕的資料視覺化實例，所以千萬別用立體圖形。

● 雙 Y 軸：通常都不是好主意

有時在同一條 X 軸上繪製單位完全不同的資料會派上用場，因此就必須加入第二條 Y 軸：也就是在圖表右邊的垂直軸。圖 2.26 便為一例。

雙Y軸

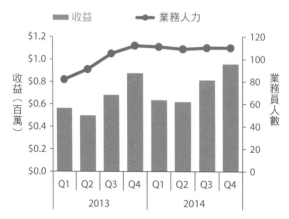

圖 2.26　雙 Y 軸

詮釋圖 2.26 時，聽眾需要多花時間和心血才能理解哪份資料要對哪條軸。因此，最好避免用雙 Y 軸，也需避免將 Y 軸放在右邊。作為替代方案，可以想想看下列哪個方式比較能夠符合你的需求：

1. 別加上第二條 Y 軸，直接標上原本要畫上去的資料點。

2. 將圖表分為上下兩層，每層圖表皆有自己的 Y 軸（皆放在左邊），但使用同一條 X 軸。

圖 2.27 為這些替代方案的實例。

替代方案１：直接標記

替代方案２：分為上下兩層

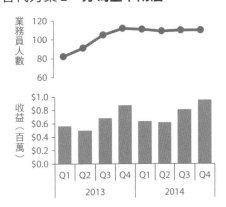

圖2.27　替代使用雙Y軸的策略

其實還有第三個解決辦法，那就是使用顏色將軸和資料連結在一起。舉例來說，在原本的圖2.26中，我可以將左方 Y 軸的標題「收益」改為藍色、讓收益的長條保留藍色；另外將右方 Y 軸的標題「業務員人數」改為橘色，並將折線圖也改為橘色。但我不建議使用此方法，因為這不是最好的顏色使用策略。第 4 課會花更多時間討論顏色的主題。

值得注意的是，將兩組資料放在同一條軸上呈現時，可能暗示兩者之間相關。

當你在掙扎是否該用雙 Y 軸，或考慮該使用圖 2.27 的何種替代方案時，建議你想想看你需要將資料呈現得多詳細。替代方案一清楚標出了每個資料點，可以讓聽眾將注意力放在詳細的數據上。替代方案二將軸放在左方，把重點放在整體的趨勢之上。總而言之，記得避免使用雙 Y 軸，採用上述其中一種方式做為替代策略吧。

第2課重點複習

　　這堂課當中，我們探討了我最常使用的視覺呈現方式。其他種類的圖表偶爾也會用上，但是目前所介紹的應該就能滿足大部分的日常需求。

　　許多情況當中，適合的視覺呈現方式其實不只一種；能滿足一項特定需求的圖表通常都不只一種。回溯到前一課脈絡的章節，最重要的就是要清楚表達你的需求：**你希望觀眾知道什麼？**接著依此選擇最能幫助你達到目標的視覺呈現方式。

　　如果你心中冒出了「哪種圖表才適合我的情況？」的疑問，答案只有一個：最能讓觀眾輕鬆閱讀的圖表。有個很簡單的辦法能夠進行測試，就是做出圖表，拿給朋友或同事看，請他們在處理資訊時說出他們注意的焦點、看到的東西、有何觀察結果、有何疑問。這麼做可以幫你評估你的圖表是否能達到你的需求，就算未達到水準，也知道該從何下手修改起。

　　用資料說故事的第 2 堂課到此為止，現在你已經知道該如何選擇適當的視覺呈現方式了。

拔掉干擾閱讀的雜草

觀眾的時間有限，耐性更有限！擠滿一堆文字、符號、五顏六色的圖表，讓人看半天也看不懂，乾脆跳過！

本課要教你精挑細選的藝術：拔除雜草，保留精華，再不耐煩的觀眾也看得進去。

 你可以學到這些

☑ 避免不必要資訊造成觀眾的負擔

☑ 學會運用符合人類視覺本能的設計原則

☑ 「對齊」與「空白」是圖表的好朋友

☑ 把複雜難懂的圖表一步步改得簡單好懂

　　想像一張空白的頁面或空白的螢幕，每在這張頁面或螢幕上加上一個元素，就會增加觀眾的認知負擔，換句話說就是要耗腦力才能處理。因此，我們在將視覺元素放進交流內容之前，必須精挑細選。簡而言之，就是要找出無法增加資訊價值的元素，或添加的資訊價值不足以抵銷空間成本的元素，並將之刪除。這一堂的重點就是要教各位如何「去蕪存菁」。

「認知負荷」越大，越懶得看

　　各位肯定感受過認知負荷帶來的壓力。想像你坐在會議室裡，領導會議的人迅速切換一張又一張的投影片，最後停在看起來擁擠又複雜的一張。你是否大聲嘆了口氣？還是只是想想而已？再想像看看，你正在閱讀報告或報紙時，有張圖表吸引了你的注意，讓你停下來想「看起來有點意思，但我不知道跟我有什麼關係」，接下來你也沒多花心思細讀，順手就翻到了下一頁。

　　這兩個案例當中，你的感受就是過重或多餘的認知負荷。

　　我們吸收資訊時，便會感受到認知負荷。認知負荷可說是學習新知所需要花費的腦力。要電腦工作時，仰賴的是電腦的處理力。要聽眾處理資訊時，其實就是在消耗他們腦袋的處理力，這就是認知負荷。人腦的處理力有限。身為資訊設計師，我們必須聰明地使用聽眾的腦力。上述的例子顯示多餘的認知負荷在作祟：處理它需要花費腦力，卻不能協助聽眾理解資訊。我們的任務就是要避免這種情形發生。

資訊墨水比，或稱訊號雜訊比

　　過去有許多學者引進幾個概念，解釋認知負荷的情形，並且指導我們減輕視覺溝通內容施加給聽眾的認知負荷。愛德華・圖夫特於其著作《*The Visual Display of Quantitative Information*》中表示，必須將資訊墨水比（data-ink ratio）最大化，並寫道：「越多圖表的墨水用在資訊上越好（其他相關資料也同等）」。此道理也跟訊號雜訊比（signal-noise ratio）的最大化相同（請見南西・杜爾特的《視覺溝通的法則》），訊號代表我們欲傳達的資訊，雜訊則是不相干或會干擾聽眾的其他元素。

　　在視覺溝通領域，最重要的是聽眾對於認知負荷的主觀感受：聽眾認為自己需要多努力才能吸收到溝通內容裡頭的資訊。大多聽眾可能不會多加思考（甚至連想都不想）就會做出此決定，但是這卻會決定你究竟能否成功傳遞訊息。

　　總而言之，盡量設法為聽眾降低認知負荷的主觀感受吧（降至合理但仍能讓你傳遞訊息的範圍）。

雜訊應該清乾淨

　　我將可能使認知負荷過重的東西稱為雜訊，也就是占空間但無法協助理解的視覺元素。稍後馬上會仔細探討什麼元素可能是雜訊，但是，首先我想大致解釋一下為何雜訊不宜出現於簡報中。

　　應該減少雜訊的理由很簡單：因為雜訊既不必要，還會讓我們的視覺元素變得太過複雜。

　　雖然聽眾自己可能不會意識到，但是視覺圖表當中的雜訊會導致聽眾產生不理想、甚至是不舒服的使用者經驗（也就是這堂課一開始提到的「嘆氣」片刻）。雜訊可能會讓一張基礎圖表看起來更加複雜。若圖表讓人覺得複雜，聽眾就有可能決定不要多花時間與心血理解內容，我們便因此喪失了與聽眾溝通交流的能力。這就不妙了。

格式塔的視覺法則

　　若欲辨識視覺圖表當中有哪些元素是訊號（我們欲傳遞的資訊），哪些可能是雜訊（雜訊），可以參考格式塔的視覺法則。格式塔心理學派在二十世紀初成形，目標為理解人類如何找出身邊世界的規律。他們寫出了一套視覺法則，解釋人類如何與視覺刺激互動、並且找出規律，此套法則至今仍為學界使用。

　　此處會討論六個原則：相近（proximity）、相似（similarity）、環繞（enclosure）、封閉（closure）、連續（continuity）與連結（connection）。個別解釋每個原則時，我將會附上表格或圖表做為範例。

● 原則①相近原則

　　我們通常會認為距離相近的物體屬於同一群體。相近原則的範例請見圖3.1：因為圓點彼此的相對位置，你的眼睛會自然地將圓點分成三群。

圖3.1　格式塔的相近原則

　　表格設計，我們可利用這種視覺法則。圖 3.2 當中，只需要適當分隔圓點，你的眼睛就會如第一個範例直向沿欄閱讀，或是如第二個範例橫向沿列閱讀。

圖3.2　利用圓點間隔便能讓眼睛看出欄列

● 原則②相似原則

　　我們通常會認為顏色、形狀、大小或方向相同的物體彼此相關，或屬於同一群體。圖 3.3 中，左方的藍色圓點自然會被認為是同一群體，右方的灰色方塊也是相同道理。

圖3.3　格式塔的相似原則

　　在表格當中，我們可以利用此原則來引導聽眾目光，將他們的注意力集中在我們想要的地方。圖 3.4 中，相同的顏色便是在引導我們的眼睛橫向沿列閱讀（而非直向沿欄）。

圖3.4　人眼波相同顏色引導沿列閱讀

● 原則③環繞原則

　　我們通常會認為被包圍在一起的物體屬於同一群體。環繞感不需太強烈，設計便能起效果：通常只要有淺色的背景網底便能達到目的，如圖 3.5。

圖3.5　格式塔的環繞原則

　　利用環繞原則的一種方式，就是在資料當中做出視覺效果的區別，如圖 3.6。

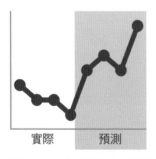

實際　　預測

圖3.6　陰影區域分隔預測與實際資料

● 原則④封閉原則

　　封閉原則的概念認為人類喜歡簡單、符合腦海裡現有結構的東西。因此，人類喜歡將一組獨立的元素盡可能看成自己認得的形狀：缺少部分元素時，我們的眼睛會自動將空缺補完整。

圖 3.7　格式塔的封閉原則

　　繪圖軟體（如 Excel）的預設設定經常包括圖表邊框與背景網底等元素。封閉原則指出這些元素其實並非必須，就算移除了它們，我們的圖表看起來仍會是完完整整的個體。除此之外，拿掉這些不必要元素還能進一步凸顯我們的資料，如圖 3.8。

圖 3.8　圖表少了邊框與網底仍看似完整

● 原則⑤連續原則

連續原則與封閉原則類似：我們的眼睛看物體時，通常會尋求最平順的路徑，即便看到的事物不存在連續性，我們還是會自然而然地自己創造。舉例來說，若我們將圖 3.9 之①的兩樣物體拆開，大多人自然會預期結果會如②，但真正的結果很有可能會是③。

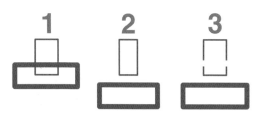

圖3.9　格式塔的連續原則

為了示範此原則，我在圖 3.10 中拿掉了圖表的垂直 Y 座標軸。你的眼睛還是可以看得出長條是從同一點開始排列，因為左方標籤與右方資料的空白區塊大小一致（最平順的路徑）。如同封閉原則的應用方式，移除非必要元素可以讓我們的資料更加突出。

圖3.10　移除 Y 軸的圖表

● 原則⑥連結原則

我們最後要介紹的格式塔原則是連結原則，我們通常會認為相連的物體屬於同一群體。與相近的顏色、大小或形狀相比，連結的關聯性更高。閱讀圖 3.11 時，你的眼睛八成會將有線相連的圖形配對在一起（而非顏色、大小或形狀類似的圖形），這就是連結原則的作用。不過，連結原則並不一定會高於環繞原則，但是你可以利用線條的粗細和深淺來更動效果，創造出你想要的視覺階層（第 4 課介紹前注意特徵時，會更進一步探討視覺階層）。

圖3.11　格式塔的連結原則

我們經常在折線圖中使用連結原則，以幫助眼睛看到資料中的順序，如圖 3.12。

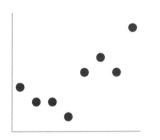

圖3.12　直線連結圓點

從上方的簡介便能得知，格式塔原則能夠幫助我們理解人類視覺的運作方式，用來辨識不必要的元素，簡化視覺溝通的流程。原則的應用還沒結束，在這堂課最後，我們將會討論要如何將這些原則應用在實例上。

但是，首先我們要先來討論其他種類的視覺雜訊。

缺乏視覺秩序的惡果

貼心的設計會自動淡入背景，讓聽眾根本察覺不到。不過若設計不夠細心，便會成為聽眾的負擔。我們來以實例看看有無視覺順序對視覺溝通產生怎樣的影響吧。

圖 3.13 為非營利組織在選擇廠商時的考量因素調查回饋。請特別注意頁面元素的安排。

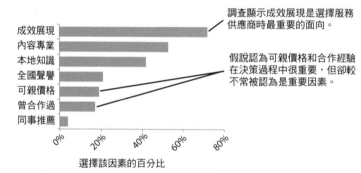

圖 3.13　調查回饋的摘要

瀏覽資訊時，你可能會認為「看起來挺不錯的嘛」。我承認，這張圖的確沒那麼糟。往好處看，圖中清楚標出結論，圖表的順序和標籤處理也很恰當，而且重點寫得清楚明白、並為聽眾的目光指了方向。但是，若談到頁面的整體設計與元素放置位置，我可就不認為這張圖有任何可取之處。我認為擠成一團的視覺元素看來雜亂無章、又讓聽眾看得不自在，感覺就像不考慮整體頁面的架構，便隨便將不同的元素湊在一起。

其實我們只需要做些小小的更動，便能大大改善這張圖表。請見圖 3.14，圖裡的內容完全相同；只有頁面元素的位置與格式經過修改。

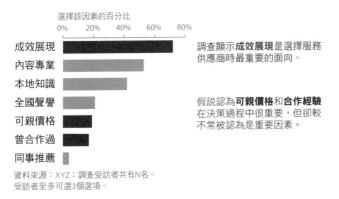

選擇廠商時，最重要的考量是**成效**

您認為整體來說，選擇服務供應商時**最重要的因素**為何？　　（至多可選3項）

選擇該因素的百分比

0%　20%　40%　60%　80%

成效展現

內容專業

本地知識

全國聲譽

可親價格

曾合作過

同事推薦

調查顯示**成效展現**是選擇服務供應商時最重要的面向。

假設認為**可親價格**和**合作經驗**在決策過程中很重要，但卻較不常被認為是重要因素。

資料來源：XYZ；調查受訪者共有N名。
受訪者至多可選3個選項。

圖 3.14　修正過的調查回饋摘要

與原版的圖表相比，第二張圖讓人感覺比較輕鬆。圖中秩序分明，聽眾可明顯看出整理設計與元素排列經過思考。尤其是第二張圖的設計特別注意了對齊與空白的運用。我們來個別深入討論這兩個要素吧。

● 對齊

上方實例改造前後造成最大影響的更動，是文字從置中對齊改成靠左對齊。原圖當中，頁面上所有的文字方塊皆為置中對齊，導致左右皆無乾淨俐落的線條，就算版面配置再怎麼貼心，也可能因此功虧一簣。所以，我個人習慣避免將文字置中對齊。決定文字要靠左或靠右對齊前，需先考量到頁面上的其他元素。總而言之，對齊的目的就是要以頁面元素和空白製造出俐落線條（垂直與水平皆同）。

idea　簡報軟體中對齊元素的訣竅

　　在簡報軟體裡放上頁面元素時，大部分軟體都會內建的尺規與格線可以幫助你對齊頁面元素。如此一來，你便能將頁面元素精準對齊，讓整體風格更加俐落。簡報軟體內建的表格功能也可以當作隨機應變的原始方法：插入表格，讓格線協助你放置個別元素。按照自己的意思排列好所有元素後，移除表格，或將表格的框線改為透明，這樣一來整個頁面上只會剩下排列整齊完美的頁面元素。

　　若沒有其他視覺提示，聽眾通常會從頁面或螢幕的左上角開始閱讀，並以「之」字型（或多個「之」字型，依版面配置而定）移動眼球、吸收資訊。因此，在設計表格或圖表時，我喜歡將文字朝畫面左上對齊（標題、軸標題、圖例）。這樣一來，聽眾在實際看到資料之前，就會先讀到指示如何閱讀圖表的細節。

　　既然談到了對齊，我們就花點時間來討論**斜置元件**吧。上例當中的原本圖表（圖 3.13）使用斜線連接結論與資料，並使用斜置的 X 軸標籤；改造過後的版本則移除了前者、將後者改為水平（圖 3.14）。簡單來說，最好避免使用斜線和文字等斜置元素。斜置元素看來混亂，而且斜置文字比水平文字難閱讀。曾有一篇探討文字方向的研究（Wignor & Balkrishnan, 2005）發現，無論朝哪個方向旋轉，閱讀旋轉 45 度的文字平均比閱讀一般文字慢了 52%（旋轉 90 度的文字則平均慢了 205%）。設計頁面時最好避免使用斜置元素。

● **空白**

　　我不太理解這現象，但是不知道為什麼，大家通常都很害怕頁面上的空白。我使用「空白」來稱呼頁面上的空缺空間，如果你的頁面是全藍的，那就應該稱為「空藍」，我不太確定頁面為什麼會是藍色的，但是我們稍後也會討論顏

色使用的策略。或許你曾經聽過這句意見：「頁面上還有些空間，加點東西進去吧」，或是更糟的「頁面上還有點空間，多加點資料進去吧」。不行！千萬別為了加資料而加資料，要加資料一定要思考周詳、有特定目的才行。

我們必須習慣空白。

視覺溝通裡的空白跟演說裡的停頓一樣重要。或許你也聽過一整場毫無停頓的簡報，感覺就像這樣：你的面前有位講者在短時間內塞進了一大堆材料而且以光速演講甚至讓你不知道自己是否有時間呼吸你想發問但是講者已經換了主題而且根本沒有夠長的停頓可以讓你發問。這種經驗對聽眾來說相當不自在，就跟閱讀上述那種毫無標點、滔滔不絕的句子感覺一樣。

現在想像同樣一位講者說了句大膽的言論：「圓餅圖去死吧！」

接著暫停十五秒，讓言論產生共鳴

請，大聲說出句子，並且慢慢數到十五。

這就是戲劇性的停頓。

吸引到你的注意了吧？

只要善用策略、使用空白，便能在視覺溝通的內容中達到相同的強烈效果。若缺乏空白，就如同簡報當中缺乏停頓，會讓聽眾相當不自在。我們在設計視覺溝通的內容時，應該要盡可能避免讓聽眾產生不快的感受。若善用策略、使用空白，便能將聽眾的吸引力導至頁面上非空白的部分。

談到保留空白，以下為一些最基本的準則。頁緣不該有文字和視覺元素；避免放大視覺元素、佔去所有可用空間；記得要依據內容適當調整視覺元素的大小。除了這些準則之外，你也可以善用策略、使用空白強調內容，就如上方的戲劇性停頓。如果有個元素很重要，有可能是一句話、甚至是一個數字，那就想辦法讓該元素成為頁面上唯一的東西。第 5 課討論美感時，我們會進一步討論善用空白的策略，並檢視實例。

未多加考量的使用對比

鮮明的對比可以作為給聽眾的訊號，幫助聽眾理解該將注意力放在何處。後續章節當中，我們將會進一步探討此概念。不過，另一方面，缺乏鮮明的對比也可能是一種視覺雜訊。在討論對比的重要性時，我經常會借用柯林・威爾（Colin Ware）的譬喻（《*Information Visualization: Perception for Design*》，2004），他說過在滿是鴿子的天空中很容易看到一隻老鷹，但是若鳥種增加，老鷹也會越來越難看到。此譬喻點出了視覺設計的對比策略有多重要：不同元素的種類越多，每種元素也就會越難凸顯。換種方法來解釋吧，如果真的有個東西非常重要，我們希望聽眾能知道或看到（老鷹），那就應該讓那樣東西鶴立雞群。

來看看另一個例子，進一步解釋此概念。

想像你替一間美國零售商工作，你想從不同面向探討客戶在你店裡的購物體驗與競爭者有何不同。你進行調查、蒐集資訊，現在正在想辦法從資訊裡頭獲得結論。你算出了加權績效指數來整理每個調查類別的結果（指數越高，性能越高，反之亦然）。圖 3.15 為你的公司與五位競爭者不同類別的加權績效指數。

稍微閱讀一下，觀察你吸收資訊的思考流程。

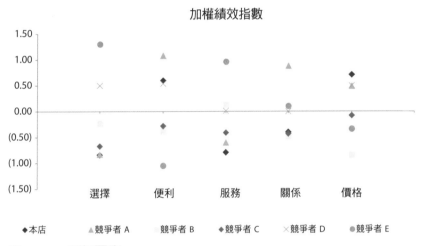

圖 3.15　原版圖表

如果請你用一個詞形容圖 3.15，你會想到什麼詞？可能會想到擁擠、困惑，甚至是累人吧。這張圖表塞進了太多元素，有太多東西在搶奪我們的注意力，讓我們的眼睛無所適從。

來回顧一下我們究竟看到了什麼吧。如先前所說，繪製成圖表的資料是加權績效指數。你不需擔心指數是如何計算出來的，只需要記住這是一張表現量表一覽，是要用來比較「本公司」（藍色菱形）與競爭者（其他彩色圖形）的

不同項目（標示於水平 X 軸上：選擇、便利、服務、關係、價格）。指數越高代表績效越高，指數越低代表績效越低。

　　要吸收此資訊需要相當長的時間，眼球還必須不斷在底部的圖例和圖表資料之間來回，才能理解這張圖究竟要傳達什麼資訊。就算我們耐性極佳，真的很想努力吸收圖中的資訊，也幾乎是不可能的任務，因為「本公司」（藍色菱形）有時被其他資料點給遮住了，讓我們根本無法進行最重要的比較！

　　此實例的問題出在對比不足（另外還有其他設計瑕疵），使得資訊變得難以詮釋，但其實根本不需要用那麼複雜的方式。

　　請參考善用策略、建立對比的圖 3.16。

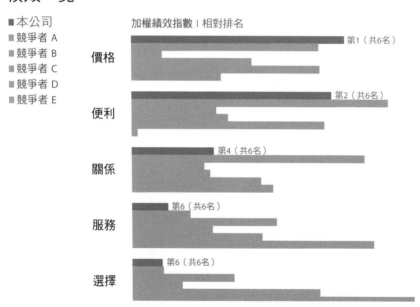

圖 3.16　使用策略強調對比的修正圖表

　　在修正過的圖表當中，我做了數項更動。首先，我選擇橫條圖來繪製此資訊。為此，我調整了所有數字，讓所有數字都變為大於零的正數。原先的散布圖上有些小於零的負數數據，會讓視覺化變得更為複雜。這招在此例當中適用，因為我們感興趣的是指數的相對差異，而非絕對值。在重製過的圖表中，原先沿著水平 X 軸標示的類別標籤現在擺到了垂直 Y 軸上。每個類別裡頭，長條讓我們能一覽「本公司」（藍色）與其他競爭者（**灰色**）的度規，長條越長就代表績效越佳。此處刻意不加上 X 軸量表，迫使聽眾專注在資料的相對差異上，而非特定數字的枝微末節。

　　此設計可以讓我們很快看出兩個重點：

1. 我們的眼神可以迅速掃過藍色長條，大致了解「本公司」在不同項目的表現如何：我們在價格與便利得到高分，關係得分較低，可能是因為服務與選擇有待加強，從這兩個項目的低分中便可看出。
2. 在特定項目裡頭，我們可以比較藍色與灰色長條，看看本公司與競爭者的相對表現：在價格佔上風，在服務和選擇則落後。

　　競爭者則以資料順序作為區別（競爭者 A 皆直接排在藍色長條後方，接著是競爭者 B，以此類推），在左方圖例便做了說明。若要能快速辨識各個競爭者，則此設計並不符合需求，但若該需求排在第二或第三順位，並非當務之急，那麼此方法也行得通。我也在重製的圖表中按照「本公司」的加權績效指數遞減排列了不同類別，此舉提供了架構供觀眾吸收資訊時使用。此外，我也加上了一項概括尺度（相對排名），讓聽眾能更輕鬆快速地得知「本公司」在各個項目裡的排名。

idea　某些多餘細節不該被視為雜訊

　　我看過有些圖表在標題上寫明單位是美元，但是圖表當中並沒有在數字旁加上美元符號。舉例來說，一張標題為「每月業績（$USD 百萬元）」的圖表，Y 軸標籤卻為 10、20、30、40、50。我認為這麼做會讓觀眾相當困惑。在每個數字前方加上「$」符號能夠簡化詮釋數字的流程。這麼一來，聽眾就不用在心裡默記單位是美元，因為數字旁已經清楚標出。在處理數字時，有些元素絕不能被省略，如金錢符號、百分比符號，以及大位數數字的逗點。

step by step 除雜訊

　　既然我們討論過什麼是雜訊、為何要移除視覺溝通內容裡的雜訊以及如何辨別雜訊，現在就來看看實例，辨識移除雜訊之後，我們的視覺元素有何改善，我們想說的故事變得多清晰明白。

　　情境：想像你是一組資訊科技（IT）團隊的主管。你的團隊負責接收員工回報技術問題的回報單。過去一年當中，團隊裡走了兩個人，你決定不要找新人替補他們的職位，你聽到剩下的成員抱怨他們要「收拾爛攤子」。人資部門問你未來一年是否有聘雇需求，你在思考是否需要再雇用兩個人。首先，你想了解過去一年來人事出走是否對團隊的整體生產力造成影響。因此，你繪製了過去一年以來每月接收的回報單與處理數量的趨勢。你在圖中看到證據，證明團隊生產力的確受到人力不足影響，現在你想以這張速成圖作為基礎，解釋你為何要提出聘雇人力的申請。

圖 3.17 為原版圖表。

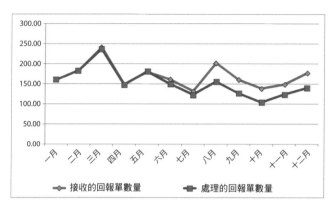

圖3.17　原版圖表

　　再仔細看看這張圖表，這次將重點放在雜訊上。回想我們剛剛所教的格式塔原則、對齊、空白與對比。我們可以拿掉什麼東西？或更改什麼？你能找出多少問題？

　　我找出了 6 種減少雜訊的更改方式，以下將逐一進行討論。

● step①移除圖表邊框

　　先前討論格式塔的封閉原則時也曾提過，其實通常圖表沒有邊框也沒關係。若有需求，你可以使用空白來將圖表與頁面上的其他元素做區隔。

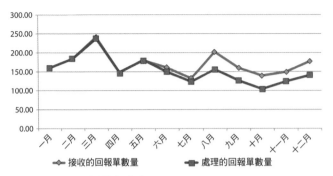

圖3.18　移除圖表邊框

● step②移除格線

　　如果你認為讓聽眾沿格線將資料點對至軸上會有所幫助，或認為留著格線能讓資料處理更有效率，那麼保留格線也沒關係，但是可以考慮加細格線，或用灰色等淺色線條。別讓格線搶了該放在資料上的目光。可能的話，可以移除所有格線：這樣一來可以加強對比，更加凸顯資料。

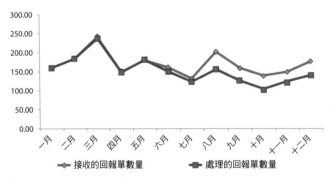

圖3.19　移除格線

● step③移除資料標記

　　記得，每個元素都會增加聽眾的認知負荷。此處的資料標記會增加資料處理的認知負荷，但是此資料其實已以折線描繪。這並不是說資料標記絕對不能使用，而是說要使用的話必須要有特定目的，並不能把軟體預設當作名正言順的理由。

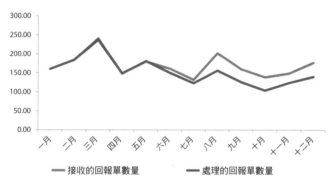

圖3.20　移除資料標記

● step④整理資訊標籤

　　我最看不順眼的就是 Y 軸標籤小數點後面的 0：它們毫無資訊價值，還會讓數字看起來更複雜！移除小數點後方的 0，為聽眾減輕不必要的認知負擔。另外也可以縮短月份標籤，將 X 軸標籤轉為水平，移除斜置文字。

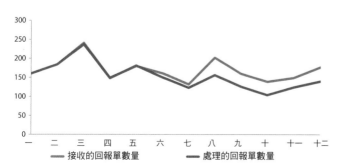

圖3.21　整理資訊標籤

● step ⑤ 直接加上資料標籤

　　現在我們已經移除了大部分的多餘認知負荷，需要不斷來回觀看圖例和資料的問題似乎浮上了檯面。記得，我們要找出聽眾可能會有的負擔，並利用資訊設計解決這個問題。此例當中，我們可以利用格式塔的相近原則，將資料標籤直接放在描述的資料旁。

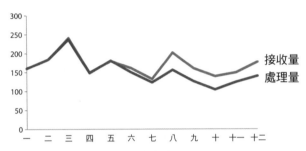

圖 3.22　直接加上資料標籤

● step ⑥ 利用一致的顏色

　　上一個步驟使用格式塔的相近原則，現在我們根據格式塔的相似原則，將資料標籤的顏色改為與資料本身相同吧。此一視覺提示能讓聽眾覺得「這兩項資訊有關聯性」。

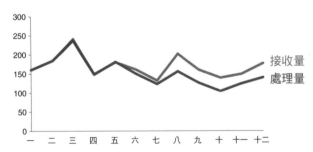

圖 3.23　將資料標籤改為與資料本身同色

　　此視覺元素還稱不上完美，但是找出雜訊、將之移除，已經讓我們大幅減少認知負荷，讓圖表變得更為親切。看看圖 3.24 的改造前後比較吧。

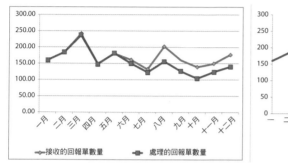

圖 3.24　改造前後

第3課重點複習

　　不管將什麼資訊端到聽眾面前，都會成為認知負荷，觀眾需要用腦力處理。視覺雜訊會變成多餘的認知負荷，阻撓訊息的傳遞。格式塔的視覺原則可以幫助你了解聽眾觀看資訊的方式，並讓你找出不必要的視覺元素，將之移除。適當對齊元素或保留空白，讓聽眾能更輕鬆地詮釋你的視覺元素。善用策略、強調對比。雜訊是你的大敵，消滅視覺元素裡的雜訊吧！

　　現在各位已懂得如何辨認雜訊、移除雜訊了。

第4課

把聽眾的注意力
吸過來

研究顯示，聽眾的注意力只會停留3到8秒的時間。
巧用顏色、大小、粗細等設計元素，便能將聽眾的注意力引導到
你想要的地方，聽你想說的話。

 你可以學到這些

 讓聽眾有意識之前就看到我們想傳遞的資訊

 在你想凸顯的地方設計適當的強調元素

 觀眾習慣依據「之字形」順序看投影片，別唱反調

 做完後，請人幫忙檢查是否達到你想要的閱讀順序和效果

第 3 課中，我們學到雜訊的概念，也知道了移除視覺元素中的雜訊有多重要。除了移除令人分心的元素，我們也該檢視留下來的元素，想想看我們希望聽眾如何使用視覺化圖表。

第 4 堂課當中，我們將會進一步討論人眼的運作方式，並探討如何善加利用來打造視覺元素。我們會先簡單討論視覺和記憶的概念，讓各位了解「前注意特徵」有多重要。我們將會討論使用大小、顏色和頁面位置等前注意特徵的兩種策略方式。①前注意特徵可用以協助指引聽眾的注意力，讓他們將目光放在你想要的地方。②前注意特徵還可以用來創造視覺階層，讓聽眾按照你希望的順序瀏覽、處理資訊。

若能理解聽眾的視覺如何運作及大腦如何處理資訊，我們便能進一步改善溝通效率。

用大腦看東西

先來看看一張簡單的視覺運作流程圖，如圖 4.1。流程大概是這麼走的：光線從刺激物上反射，接著眼睛捕捉光線。其實人類並非完全用眼睛在看東西；眼睛的確處理了一些訊號，但是大半處理流程其實發生在大腦，稱為視知覺（visual perception）。

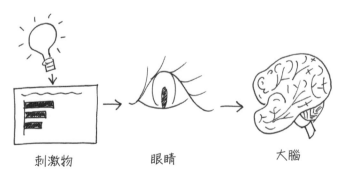

刺激物　　　　　眼睛　　　　　　大腦

圖 4.1　簡化的視覺流程運作圖

● **基礎記憶學**

　　談到視覺溝通內容的設計，值得我們注意的大腦記憶一共有三種：圖像記憶（iconic memory）、短期記憶（short-term memory）與長期記憶（long-term memory）。每種記憶都有其獨特角色。其實記憶的運作方式非常複雜，不過接下來僅會介紹與視覺溝通內容設計相關的基礎概念。

● **視像記憶**

　　視像記憶的運作超級快速，在你還來不及察覺就已形成，而且會在觀看四周世界時達到高點。為什麼？很久以前的演化過程中，掠奪者的存在使大腦不斷進化，以改善視覺與反應速度的效率。其中最重要的就是迅速察覺環境變化（如遠方掠奪者的動靜）的能力，深刻地結合在我們的視覺運作流程中。以前這些機制是用來求生；今日則可用來改善視覺溝通的效率。

　　資訊成為視像記憶之後，只要一眨眼的時間就會被送進短期記憶區。視像記憶最重要的一項特色，就是對特定的前注意特徵特別有反應。前注意特徵是視覺設計非常重要的工具，稍後會再討論，我們先討論其他種類的記憶。

● **短期記憶**

　　短期記憶的容量有限。說得詳細點，人類的大腦同時大約可在短期記憶當中保留 4 大塊視覺資訊。意思是如果我們做出一張有十組資料、十種顏色、十個資料標記形狀，旁邊附了圖例的圖表，聽眾就必須辛苦地在資料與圖例之間不斷來回，以解讀自己看到的資訊。如同先前所述，我們的目的是盡可能減少聽眾的認知負擔。我們不希望讓聽眾耗盡心力才能取得資訊，不然便很有可能失去聽眾的注意力。聽眾的注意力沒了，我們也無法進行交流。

在此情況之下，其中一個解決辦法就是直接在不同組資料上加標籤（利用第 3 課提到的格式塔相近原則，讓聽眾不必不斷來回觀看圖例和資料）。更重要的是，這麼做能夠形成一致性更高的大塊資訊，讓我們能夠將資訊塞進聽眾的有限短期記憶空間裡。

● 長期記憶

資訊離開短期記憶後，不是永久遺失，就是轉往長期記憶區。長期記憶一輩子都會儲存於腦海裡，對於圖形識別（pattern recognition）和一般認知處理相當重要。長期記憶是視覺與語文記憶的集合，兩者的運作方式各有不同。語文記憶能藉由類神經網絡存取，神經網絡的路徑會隨著辨識或回憶的進行而越來越重要。另一方面，視覺回憶則是靠著特化結構運作。

我們可以利用長期記憶的一些特色，來讓聽眾牢牢記住我們的訊息。其中有一點特別重要，那就是圖形能幫助我們迅速回想起儲存在長期語文記憶裡的資訊。舉例來說，如果你看到一張艾菲爾鐵塔的圖片，就可能會觸發你回想起對於艾菲爾鐵塔的了解、你的感情，或是你在巴黎的經驗等等。結合視覺與語文記憶，成功觸發聽眾形成長期記憶的機率便能大大提升。第 7 課我們將會在敘事脈絡之下進一步討論特定策略。

照過來！前注意特徵能幫助集中目光

上一節中，我介紹了圖像記憶，並提及視像記憶會特別受到前注意特徵吸引。要證明前注意特徵的威力，最好的方式就是以實例示範。圖 4.2 為一塊數字組成的方塊。盡快數數看數列當中有幾個「3」，請注意你處理資訊的方式，以及花了多少時間。

756395068473
658663037576
860372658602
846589107830

圖 4.2　數 3 實例

　　正確答案是六個。圖 4.2 當中沒有任何視覺提示能幫助你找出答案，因此困難度大增，你必須以眼神掃描四行文字，在裡頭尋找數字 3（數字本身的形狀不算簡單）。

　　來看看加上一項改變之後，數字方塊會變得如何吧。請利用圖 4.3 進行同樣的數 3 練習。

756**3**95068473**3**
658663**0**3**7**576
860**3**72658602
846589107830**3**

圖 4.3　加上前注意特徵的數 3 實例

　　雖然進行的是相同的練習，但是圖 4.3 卻變得輕鬆又快速多了。還來不及眨眼、也沒時間思考，六個 3 就全蹦出來在你眼前。答案變得明顯又快速，因為第二次練習使用到了你的視像記憶。在此實例當中，色彩濃度的前注意特徵使得數字 3 如鶴立雞群般凸顯了出來。我們的大腦不需有意識地多加思考，便能馬上找出答案。

這個結果很驚人又厲害。如果我們能夠善用策略利用前注意特徵，就能夠讓聽眾在產生意識之前就看到我們想讓他們看的資訊！

注意，上一個句子當中，我也使用了多種前注意特徵來強調該句有多重要！

圖 4.4 為各種不同前注意特徵。

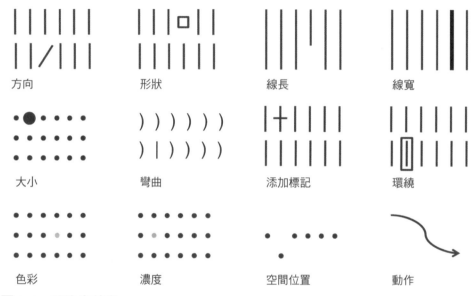

圖 4.4　前注意特徵
來源：改編自史提芬・菲爾（Stephen Few）的《*Show Me the Numbers*》（2004）

掃過圖 4.4 的各種特徵時，你的眼神不自覺地被吸引到每組最特別的元素上了吧？你根本不需要花心思搜尋。這是因為我們的大腦天生具備迅速找出環境異狀的能力。

　　不過有一件事必須要多加注意，那就是我們通常會認為某些（但非所有）前注意特徵與量化數值相關。舉例來說，大多數人會認為長線代表的數值比短線還大，這就是長條圖閱讀起來符合直覺的原因之一。但是，我們並不會對顏色有相同的看法。紅色還是藍色的數值比較大？這問題便一點意義也沒有。此概念可以告訴我們哪些特徵可以結合量化資訊呈現（如線長與空間位置，線寬、大小和濃度效果較不顯著，但可以用來代表相對值），哪些特徵應該用來區別類別。

　　若使用得當，前注意特徵便能發揮兩項相當有用的效果：①迅速將聽眾的注意力集中在你想要的地方，以及②打造出資訊的視覺層級。我們個別以實例來看看這兩種效果吧，首先先從文字看起，接著再套進資料視覺化的脈絡。

文字中的前注意特徵

　　在沒有任何視覺提示的情況下碰到一大塊文字方塊，我們唯一的選擇便是直接閱讀，不過只要適當使用前注意特徵便能改變這點。圖 4.5 示範了如何在文字上使用先前介紹過的前注意特徵。第一個文字方塊並無使用任何前注意特徵，與先前的數 3 例子相似：你必須直接閱讀，並自行找出重要或值得注意的要點，接著可能還要再讀一遍，把值得注意的地方放回其他脈絡當中解讀。

　　觀察看看，前注意特徵會如何改變你處理資訊的方式。後面的每個文字方塊都分別運用了一種前注意特徵。你會發現，在每個文字方塊之中，前注意特徵能夠馬上吸引你的注意力，而有些前注意特徵的吸引力較強，有些則較弱（例如色彩和大小能馬上吸引注意力，斜體字的強調效果則較弱）。

無前注意特徵

我們的優點為何？產品優良。這些產品顯然在市面上無人能敵。需要時可配送替代零件。我還沒開口貴公司就送來了墊圈。問題很快便能解決。會計部的比佛迅速幫我解決帳面問題。綜合客戶服務的表現超乎預期。會計主管甚至還在營業時間外打電話關心。你們的公司非常不錯，繼續加油！

色彩

我們的優點為何？產品優良。**這些產品顯然在市面上無人能敵**。需要時可配送替代零件。我還沒開口貴公司就送來了墊圈。問題很快便能解決。會計部的比佛迅速幫我解決帳面問題。綜合客戶服務的表現超乎預期。會計主管甚至還在營業時間外打電話關心。你們的公司非常不錯，繼續加油！

大小

我們的優點為何？產品優良。這些產品顯然在市面上無人能敵。需要時可配送替代零件。我**還沒開口**貴公司就送來了墊圈。問題很快便能解決。會計部的比佛迅速幫我解決帳面問題。綜合客戶服務的表現超乎預期。會計主管甚至還在營業時間外打電話關心。你們的公司非常不錯，繼續加油！

外框（環繞）

我們的優點為何？產品優良。這些產品顯然在市面上無人能敵。需要時可配送替代零件。我還沒開口貴公司就送來了墊圈。問題很快便能解決。會計部的比佛迅速幫我解決帳面問題。綜合客戶服務的表現超乎預期。會計主管甚至還在營業時間外打電話關心。你們的公司非常不錯，繼續加油！

粗體

我們的優點為何？產品優良。這些產品顯然在市面上無人能敵。需要時可配送替代零件。我還沒開口貴公司就送來了墊圈。問題很快便能解決。會計部的比佛迅速幫我解決帳面問題。綜合客戶服務的表現超乎預期。會計主管甚至還在營業時間外打電話關心。你們的公司非常不錯，繼續加油！

斜體

我們的優點為何？產品優良。這些產品顯然在市面上無人能敵。*需要時可配送替代零件*。我還沒開口貴公司就送來了墊圈。問題很快便能解決。會計部的比佛迅速幫我解決帳面問題。綜合客戶服務的表現超乎預期。會計主管甚至還在營業時間外打電話關心。你們的公司非常不錯，繼續加油！

空間區隔

我們的優點為何？產品優良。這些產品顯然在市面上無人能敵。需要時可配送替代零件。我還沒開口貴公司就送來了墊圈。

問題很快便能解決。

會計部的比佛迅速幫我解決帳面問題。綜合客戶服務的表現超乎預期。會計主管甚至還在營業時間外打電話關心。

你們的公司非常不錯，繼續加油！

底線（增加標記）

我們的優點為何？產品優良。這些產品顯然在市面上無人能敵。需要時可配送替代零件。我還沒開口貴公司就送來了墊圈。問題很快便能解決。會計部的比佛迅速幫我解決帳面問題。綜合客戶服務的表現超乎預期。會計主管甚至還在營業時間外打電話關心。<u>你們的公司非常不錯，繼續加油！</u>

圖 4.5　文字的前注意特徵

　　除了將聽眾注意力集中到我們希望的地方外，前注意特徵還可以幫助我們在溝通內容中創造視覺階層。如圖4.5，不同的特徵吸引我們注意力的強度皆不同。除此之外，同一類別當中的前注意特徵，吸引注意力的強度多少也有些變數。以色彩的前注意特徵為例，亮藍色通常能比暗藍色吸引更多注意力。我們可以使用這些變數，同時搭配多種前注意特徵，排列各種元素的強調順序，讓我們的圖表更一目瞭然。

　　圖4.6以上例的文字方塊示範如何利用上述概念。

我們的優點為何？
主題與範例回饋

- 產品優良：「這些產品顯然在市面上無人能敵。」
- 需要時可配送替代零件：「我還沒開口貴公司就送來了墊圈，我還正急著要呢！」
- 問題很快便能解決：「會計部的比佛迅速幫我解決帳面問題。」
- 綜合客戶服務的表現超乎預期：
  「會計主管甚至還在營業時間外打電話關心。
  你們的公司非常不錯，繼續加油！」

圖4.6　前注意特徵可以幫忙打造資訊的視覺階層

　　圖4.6使用了前注意特徵，打造出資訊的視覺階層。這麼做可以讓我們呈現的資訊更加一目瞭然。研究顯示，我們大約只有3到8秒的時間可以抓住聽眾的注意力，聽眾會在這段時間內決定是否要繼續看我們給的資料，或是將目光移到別處。若我們能夠明智地利用前注意特徵，就算我們只有最初3到8秒的時間，我們也可以將想傳達的資訊傳遞給聽眾。

　　利用前注意特徵打造一目瞭然的資訊視覺階層，能夠為聽眾建立起清晰指示，告訴他們如何處理資訊。我們可以暗示什麼是最重要、最該注意的元素，

什麼是次要、接著要注意的元素，以此類推。我們可以淡化必要但不會影響訊息內容的元素，以免它們搶了聽眾的注意力。這樣一來聽眾便能更輕鬆、更快速地吸收我們提供的資訊。

　　上方的例子示範了如何在文字中使用前注意特徵。此外，前注意特徵在強化資料溝通效率時也非常有用。

圖表中的前注意特徵

　　若無任何視覺提示，圖表很容易變得跟先前的數 3 練習或文字方塊一樣索然無味。考慮看看以下的例子：想像你幫一間汽車廠商工作，你想了解客戶對於特定廠牌型號最重視的設計考量為何（一千次回答中出現過多少次），並將此資訊與他人分享。一開始做出來的圖表可能類似圖 4.7。

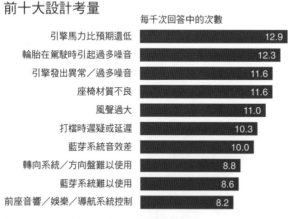

前十大設計考量

每千次回答中的次數

引擎馬力比預期還低	12.9
輪胎在駕駛時引起過多噪音	12.3
引擎發出異常／過多噪音	11.6
座椅材質不良	11.6
風聲過大	11.0
打檔時遲疑或延遲	10.3
藍芽系統音效差	10.0
轉向系統／方向盤難以使用	8.8
藍芽系統難以使用	8.6
前座音響／娛樂／導航系統控制	8.2

圖 4.7　原圖表，無前注意特徵

在沒有其他視覺提示之下，你只能照單全收處理所有資訊。沒有線索提醒你什麼元素重要、該注意何處，感覺就像數 3 練習一樣茫然。

回想一下第 1 課初提到的探索型與解釋型分析的差異。圖 4.7 很可能是在探索型分析階段製作出來的圖表，此時你還在瀏覽資料，分析有什麼資訊可能值得注意、值得告訴他人。圖 4.7 讓我們得知，一千次回答中出現超過 8 次的設計考量一共有十項。

進一步進入解釋型分析、思考如何利用此圖表與聽眾分享資訊（而非單純呈現資料）的階段後，我們可以善加考慮、使用顏色與文字來集中訊息，如圖 4.8 的範例。

前十大設計考量有七項在每千次回答中出現十次以上
討論重點：這是可接受的預設比率嗎？

前十大設計考量

每千次回答中的次數

設計考量	次數
引擎馬力比預期還低	12.9
輪胎在駕駛時引起過多噪音	12.3
引擎發出異常／過多噪音	11.6
座椅材質不良	11.6
風聲過大	11.0
打檔時遲疑或延遲	10.3
藍芽系統音效差	10.0
轉向系統／方向盤難以使用	8.8
藍芽系統難以使用	8.6
前座音響／娛樂／導航系統控制	8.2

圖 4.8　利用顏色吸引注意力

我們還可以更上一層樓，利用同樣的圖表修正重點與文字，讓聽眾將注意力從宏觀訊息移到微觀訊息，如圖 4.9。

最重要的設計考量中，有三項與噪音相關

前十大設計考量

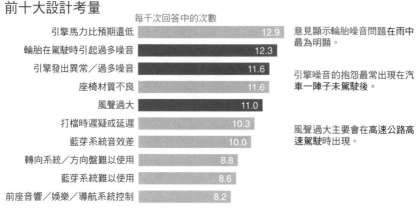

圖4.9　打造資訊的視覺階層

　　重複使用相同圖表、強調不同元素，說明不同故事或同一故事的不同面向（如圖 4.7、4.8 與 4.9）也是效果極佳的策略，在現場簡報尤其如是。這麼做可以讓觀眾先行熟悉你的資料與視覺元素，接著使用上述方法強調不同重點。在此例當中，你會特別將眼光放在該注意的圖表元素之上，這就是前注意特徵的策略使用。

 強調某一層面可能會讓其他資訊失色

　　使用前注意特徵前，得先警告各位一聲：當你強調故事中的某項重點，可能會讓其他重點失色。因此，進行探索型分析時，最好避免使用前注意特徵。不過，到了解釋型分析階段，要傳遞給聽眾的特定故事應該已經成形。此時便應該利用前注意特徵，讓你的故事看起來更加清楚。

　　上述的例子主要使用顏色來吸引觀眾的注意力。接著，我們套進另一個情境，來看看另一項前注意特徵吧。回想第 3 課當中的例子：你是一組科技團隊的主管，你想告訴其他部門的人，團隊內的資源已經無法負荷流入的回報單數量。去除了圖表中的雜訊之後，我們圖表會是圖 4.10 的模樣。

圖 4.10　回頭檢視回報單的例子

　　在判斷該將聽眾的注意力集中至何處時，我經常使用一項策略：先將所有元素淡化為背景。這麼做可以讓我清楚明確地決定哪些元素該強調、該推至幕前，請見圖 4.11。

圖 4.11　首先將所有元素淡化為背景

　　接下來，我想讓資料凸顯出來。圖 4.12 的兩組資料（接收與處理量）的格式都比軸線與標籤更寬、更粗。另外我也刻意將處理量的線條顏色調整得比接收量還深，以強調處理量落後接收量的事實。

圖4.12　讓資料突出

此案例中，我們要將聽眾的注意力吸引到兩條線間隔逐漸拉大的右方。若無任何視覺提示，聽眾通常會從圖形的左上角開始瀏覽，接著眼神以「之」字型掃過頁面。聽眾遲早會看到右手邊的間隔，但是我們來想想要如何利用前注意特徵來加快過程吧。

可以使用資料點標記與數字標籤。不過，請各位忍耐一下，朝對的方向前進一步之前，我們先拐個錯誤的彎吧。請見圖 4.13。

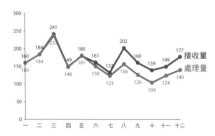

圖4.13　太多資料標籤讓人感覺太過擁擠

若我們在每個資料點加上資料標記與數字標籤，整張圖表就會變得一團亂。不過，若能善用策略，決定要留下<u>哪些</u>資料標記與標籤、要刪除哪些，完成的圖表就會如圖 4.14。

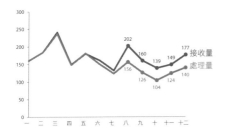

圖4.14　適當使用資料標籤吸引注意力

　　圖 4.14 中，增加的標記就像是「請看這裡」的暗號，迅速將聽眾的注意力導向圖表右方。若聽眾想知道待處理件增加了多少，這些標記也可以讓聽眾快速計算（如果你認為聽眾一定會這麼做，那麼我們就應該先計算好）。

　　以上幾個例子簡單示範了如何使用前注意特徵集中聽眾注意力。後面的章節裡頭，還有更多以不同方式運用同樣策略的實例。

　　提到集中聽眾注意力的策略，有幾項前注意特徵特別重要，值得多花篇幅個別討論：大小、色彩與頁面位置。接下來幾節將會個別進行探討。

大小怎麼用

　　大小很重要。相對大小可以決定相對重要性。設計視覺溝通的內容時，要將這點牢記心裡。如果你要呈現多樣同等重要的東西，那就給予它們相近的尺寸。換句話說，如果有一樣東西特別重要，那就利用大小強調這點：將它加大！

　　下一段為大小差點引起不必要反彈的實際例子。

　　我進入 Google 公司後不久，有項工作是要設計一面資訊板，協助順利進行決策過程（此處刻意模糊以保護機密資訊）。設計過程中，我們確定要放入 3 項資訊，但是其中只有一項已經準備完成（其他資料必須後續再加入）。資訊

板的早期版本中，現有的資訊大概占了資訊板 60% 的面積，另外板上還有保留空間用的空格，以放置未蒐集完成的資料。資料蒐集完全之後，我們將其塞入板上占位的空格。我們很晚才發現最初的資料太過顯眼，吸走了應該放在其他資訊上的注意力。幸好我們在事態還來得及挽回時發現了這點，於是修改了版面配置，讓 3 項同等重要的資訊有同樣大小。若沒有變更此設計，或許就會有完全不同的討論與決定，想起來就相當有意思。

　　此事讓我學到了寶貴的一課（下一節討論色彩時也會再次強調）：切勿將設計決定交給機運；每個設計決定都應該是仔細考量後的結果。

色彩怎麼用

　　善加利用的話，色彩會是吸引聽眾注意力最有用的工具之一。切勿為了添加顏色而使用色彩；要將色彩當作策略工具，強調圖表當中重要的部分。要使用顏色，千萬要經過詳細考慮再做決定，別讓工具替你擅下決定！

　　我通常會使用灰色來設計圖表，再選用一種搶眼的顏色引導聽眾的注意力。我的基色是灰色，而非黑色，因為灰色與其他顏色的對比度比黑色更強。我經常使用藍色來吸引聽眾注意力，原因有三：①我喜歡藍色，②可以避免色盲的問題，稍後便會討論，③印成黑白效果也好。話雖這麼說，但藍色絕非你唯一的選擇（原因可能有很多個，接下來各位就會看到我使用其他顏色的實例）。

　　色彩使用有幾項重要的原則：適量使用、統一色彩、考量色盲患者、注意色彩傳遞的氛圍，以及是否利用品牌顏色。我們來逐一詳細討論吧。

● 使用顏色要適量

　　在滿是鴿子的天空中很容易看到一隻老鷹，但是若鳥種增加，老鷹也會越

來越難看到。記得上一課討論雜訊時，柯林・威爾說過的這句名言嗎？這原則在此也適用。色彩要有效，就必須適量使用。太多種色彩反而會讓每種色彩無法突出。對比必須充足，才能夠吸引聽眾注意力。

　　若同時使用太多種色彩，讓整張圖表比彩虹還更多采多姿，色彩的前注意價值便蕩然無存。舉例來說，我曾看過一張表格，內容列出了數種藥物在數個國家的市場排名，類似圖 4.15 的左方。每個排名（1、2、3……以此類推）皆按照彩虹光譜指定顏色：1= 紅色、2= 橘色、3= 黃色、4= 淺綠色、5= 綠色、6= 藍綠色、7= 藍色、8= 深藍色、9= 淺紫色、10 以上 = 紫色。表格裡的儲存格填滿了對應排行數字的顏色。〈彩虹仙子〉動畫（Rainbow Brite）大概會喜歡這張表格，但我一點也不喜歡。前注意特徵失去了價值：每個元素都不同，沒有一樣元素能凸顯出來。這就像先前提到數 3 的例子，不過此處的色彩變化卻一點也沒幫上忙，反而讓人眼花繚亂。使用同一種顏色、調整不同的飽和度會是比較好的替代方案（熱區圖）。

國家銷售排名前五大藥品

彩虹色分配代表該國銷售量從第1（紅）到10以上（深紫色）的排名

國家	A	B	C	D	E
澳洲	1	2	3	6	7
巴西	1	3	4	5	6
加拿大	2	3	6	12	8
中國	1	2	8	4	7
法國	3	2	4	8	10
德國	3	1	6	5	4
印度	4	1	8	10	5
義大利	2	4	10	9	8
墨西哥	1	5	4	6	3
俄國	4	3	7	9	12
西班牙	2	3	4	5	11
土耳其	7	2	3	4	8
英國	1	2	3	6	7
美國	1	2	4	3	5

前五大藥品：國家銷售排名

排名	1	2	3	4	5+

國家 / 藥品	A	B	C	D	E
澳洲	1	2	3	6	7
巴西	1	3	4	5	6
加拿大	2	3	6	12	8
中國	1	2	8	4	7
法國	3	2	4	8	10
德國	3	1	6	5	4
印度	4	1	8	10	5
義大利	2	4	10	9	8
墨西哥	1	5	4	6	3
俄國	4	3	7	9	12
西班牙	2	3	4	5	11
土耳其	7	2	3	4	8
英國	1	2	3	6	7
美國	1	2	4	3	5

圖 4.15　適量使用色彩

　　來看看圖 4.15 吧。看到左圖時，你的目光被吸引到哪裡？我的眼神猶疑了一陣子，根本不確定該將注意力放在哪裡。我在深紫色停留了一下，接著移到了紅色、深藍色，可能是因為這些色彩的飽和度比其他色彩高。不過，考慮看看這些顏色代表了什麼意思，會發現這些並不一定是我們希望聽眾注意的地方。

　　右圖的版本使用了同一種顏色的不同飽和度。記得，我們對於相對飽和度的知覺有限，但是使用不同飽和度的一項好處就是能暗示量化數值（飽和度越高、數值越大，反之亦然——原本分類用的彩虹色便不能暗示量化數值高低）。右圖的處理手法很適合用來滿足我們的目的，數字小（市場領導者）的儲存格色彩飽和度較高。我們會先被吸引到深藍色的儲存格，也就是市場領導者。這樣的顏色使用策略較為用心。

目光落在哪裡？

　　有個簡單的測試可以判斷前注意特徵能否發揮作用。做好圖表之後，閉上眼睛或先把眼神移開一陣子，接著再回頭看看你的圖表，注意你一開始將眼神放在何處。你的眼神馬上落在你要聽眾注意的地方了嗎？另一個更好的方式是找朋友或同事幫忙，請他們告訴你自己處理圖表的流程：先看到哪裡，接著又看到哪裡……如此延續下去。這麼做可以讓你從聽眾的眼睛看圖表，確認你繪製的圖表能如你的意吸引目光，打造資訊的視覺階層。

● 統一色彩

　　參加我工作坊的朋友經常問到是否需要添加新意。要不要換個色彩或圖表類型，以免聽眾覺得無聊？我的回答非常堅決：絕對不要！用來集中聽眾注意

力的應該是你要說的故事，而不是圖表的設計元素。挑選圖表時，切記一定要
選用最能讓聽眾輕鬆閱讀的類型。若以同樣的方式繪製類似資訊，保持相同配
置，有助於訓練聽眾閱讀資訊，閱讀後面的圖表便會越來越輕鬆，也能減輕精
神疲勞。

　　改變色彩即暗示有所改變。如果你希望聽眾覺得有變化，那麼就利用這點
吧，但是千萬別僅為了增添新意而換色彩。如果你使用灰色色調設計溝通內容、
只用一種顏色吸引聽眾目光，那就在交流過程統一使用同樣策略。舉例來說，
若使用藍色標示重點，你的聽眾便會記住要先看藍色的地方，並在處理後續投
影片或圖表時利用這點。但是，如果你希望暗示主題或氛圍有明顯轉變，便可
以更改色彩以視覺強調這點。

　　在某些情況之下，必須統一使用相同的顏色。聽眾通常會花些時間了解各
種色彩所代表的意義，並假設此套原則適用於整個溝通流程。舉例來說，如果
簡報或報告中的圖表包括四個不同地區的資料，每個區域各使用一種顏色，那
麼記得在整份簡報或報告中的視覺元素都必須持續使用相同策略（還要盡量避
免用相同顏色達到其他目的）。切勿突然改變使用的顏色，讓聽眾越看越糊塗。

● 考量色盲患者

　　大約有 8% 的男性（包括我先生和一位前上司）與 0.5% 的女性患有色盲。
最常見的情形就是無法辨識紅色與綠色色調。簡而言之，最好避免使用紅色與
綠色色調。不過，有時紅色與綠色的意涵會派上用場：紅色可以代表你希望聽
眾注意的二位數損失，綠色可以強調大幅成長。你還是可以利用這點，但是記
得加上其他的視覺提示凸顯重要數字，才不會不小心讓部分聽眾錯過資訊。你
可以考慮使用粗體數字、不同飽和度或亮度、或是在數字前加上正號或負號，
讓數字夠搶眼。

設計圖表、選擇顏色來強調正數與負數時，我經常使用藍色代表正數、橘色代表負數。我認為這兩種顏色仍具有正負關聯，也能夠避免上述的色盲問題。面對此問題時，先想想看量表兩端（正數與負數）是否都需以顏色強調，或者凸顯其中一邊（或是前後輪流強調）就足以訴說你的故事。

idea 從色盲患者的角度看看你的圖表與投影片

有些網站和應用程式提供色盲模擬器，讓你能以色盲的角度檢視自己的圖表。舉幾個例子，Vischeck（vischeck.com）網站可以讓你上傳影像或是下載工具在自己的電腦上使用。Color Oracle（colororacle.org）網站可以免費下載 Windows、Linux與 Mac 版本的全螢幕獨立色彩濾鏡程式。CheckMyColours（checkmycolours.com）提供前景與後景檢查工具，讓你能判斷對比是否足以讓色覺障礙的人看得清楚。

● 注意色彩傳遞的氣氛

色彩會激起情緒。先決定好你的資料視覺化、或是廣義的溝通內容要採用怎樣的氛圍，接著再選用色彩（可能不只一種）協助強化你想引起的聽眾情緒。主題嚴肅還是輕鬆？你想用顏色反映你的推論有多大膽？還是使用暗色系的顏色比較謹慎恰當？

我們來討論幾個色彩與氣氛的實例吧。有一次一位客戶向我反應，我做的圖表看起來「太友善了」。我用了我一貫使用的配色：基色為灰色，適當使用藍色吸引目光。客戶要交流的資料是數據分析的結果，他們習慣使用更俐落、更乾淨的風格。我將這點加進考量，重新設計視覺元素，使用黑色粗體來吸引

目光。我也將全大寫的標題文字直接換成不同字型（第 5 課將會在設計的脈絡下進一步討論字型）。

　　雖然做出來的圖表骨子裡是一樣的，但是展現出來的風格卻因為這些簡單的更動而完全不同。在資料交流過程當中，必須將聽眾（此處即為我的客戶）擺在第一位，考量他們的需求與要求。以決定你要做出什麼樣的設計。❶

　　來看看另一個色彩影響氛圍的例子吧。我記得有次出差時在飛機上翻了翻雜誌，看到了一篇討論網路約會的文章，裡面有張相關資料的圖表。整張圖表幾乎全都是以粉紅色和藍綠色繪成。你會用這種配色做季報表嗎？不可能。但是，在愉快氣氛與文章主題的搭配之下，這種活潑的配色顯得一點也不突兀（還成功吸引到我的注意！）。

● 品牌顏色：用好？還是不用好？

　　有些公司會花費龐大心血打造出自己的品牌形象與相關配色。有時使用品牌顏色會是必要條件，有時則是情境適合應用。在這種情況之下，你必須找出一或兩種與品牌形象相符的顏色來吸引聽眾目光，搭配暗色調的灰或黑色配色。

　　某些情況之下，完全偏離品牌顏色也是一種選擇。舉例來說，我以前有個客戶的品牌顏色是淺綠色調。我原先想用這種綠色來吸引目光，但是這顏色就是不夠搶眼。顏色對比不足，我做出來的視覺元素感覺就像褪色一般。此時，你可以利用黑色粗體來吸引目光，其他元素則保持灰色色調。你也可以直接選

---

❶ 若溝通的對象是國際聽眾，那麼在選擇色彩時就必須考量到其他文化色彩的文化意涵。大衛・麥坎德列（David McCandless）製作過一張資訊圖表，闡明色彩在不同文化當中的意義，收錄於他的著作《*Visual Miscellaneum: A Colorful Guide to the World's Most Consequential Trivia*》（2012）以及他的網站上，網址為 informationisbeautiful.net/visualizations/colours-in-cultures。

擇一種完全不同的顏色，但必須要挑選與品牌顏色同時出現也不突兀的顏色（如投影片每一頁都有品牌商標的情形）。在這個案例當中，客戶喜歡我使用完全不同的顏色。每種策略的樣本如下圖 4.16。

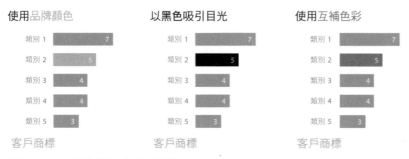

圖 4.16　品牌顏色的色彩選項

　　簡而言之：使用顏色必須謹慎！

頁面位置

　　沒有其他視覺提示時，大半的聽眾會從視覺元素或投影片的左上方開始看起，接著目光以「之」字形掃過螢幕或頁面。聽眾會先看到頁面上方，因此頁面上方就成了寶貴的空間。你可以考慮將最重要的元素放在此處（見圖 4.17）。

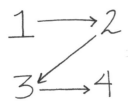

圖 4.17　在螢幕或頁面上以「之」字順序吸收資訊

　　盡量別將重要的元素埋在其他東西後方，讓聽眾費力尋找。將最重要的元素放在上方，減輕聽眾的負擔。投影片裡最重要的元素可能會是文字（主要重點或訴求）。將資料視覺化時，想想看你希望讓聽眾先看到什麼資訊、考慮看看重新安排視覺元素的位置是否有用（並非每次都會有用，但這不失為一項強調重要性的工具）。

　　記得配合聽眾吸收資訊的方式進行設計，不要刻意唱反調。我碰過一個設計極不自然、跟聽眾唱反調的實例，就是一張流程圖是從右下角開始，必須要一路往左上閱讀。這張圖表讓我覺得讀起來相當不自在（我們要以避免聽眾產生這種不快感為目標！）。我的直覺要我從左上角開始讀到右下角，但是其他視覺提示卻不斷鼓勵我倒過來讀。另一個例子經常在資料視覺化領域中見到，就是將正負量表的正數標在左側（左側通常為負數），負數標在右側（通常右側為正數）。同樣地，此例的資訊結構與聽眾吸收資訊的流程完全相反，讓整張圖表更難解讀。第9課的案例③將會探討與此相關的實例。

　　在頁面上安排元素時務必多加考慮，記得結構安排要讓聽眾覺得自然好吸收。

第4課重點整理

　　若能在視覺交流時善用策略、適量使用，前注意特徵便能成為效果極佳的工具。在沒有其他提示的情況下，我們的聽眾只能全數處理眼前的所有資訊。利用大小、顏色與頁面位置等前注意特徵標示重要元素，便能簡化這項流程。使用前注意特徵將聽眾的注意力引導到你想要的地方，並且打造出視覺階級，讓聽眾照你安排好的順序處理資訊。應用「目光在哪裡？」的測試，便能評估

圖表中前注意特徵的效果是否顯著。

　　第四堂課程內容到此結束。各位現在學會如何依你的意思集中聽眾注意力了。

第5課

設計師思維

設計師推出能解決問題、好用又好看的產品,消費者才會埋單;
這樣的思維和方法,簡報也適用。

 你可以學到這些

 學會進階的重點強調方法

 利用文字補充說明,讓設計平易近人

 拿捏適度美化與過度繁複之間的平衡

　　「先有功能，才決定形式。」這句產品設計的名言顯然也可以應用於資料視覺化領域。說到資料視覺化的形式與功能，我們首先必須要思考，我們希望聽眾要如何運用這些資料（功能），接著進行視覺化（形式），以便順利達到此目的。第 5 課當中，我們要討論如何將傳統設計概念應用到資料交流領域。我們會探討功能可見性（affordance）、易用性（accessibility）與美感效果（aesthetics），同時提及稍早介紹過的數個概念，但是使用稍微不同的角度來進行討論。我們也會討論有何策略可以增加聽眾對視覺設計的接受度（acceptance）。

　　設計師要清楚好設計有何基礎，同時還要相信自己的眼睛。你可能心想，但我又不是設計師！拋棄這個想法吧。你一定認得出聰明的設計。第 5 課將會介紹優良設計的常見概念，並以實例解說，讓各位對自己的視覺直覺增加自信，並傳授具體建議以及碰上潛在問題時的調整辦法。

一眼就能看出功能

　　設計領域的專家表示物品都有其「功能可見性」。功能可見性是最直覺的設計用法，讓人一眼就看出來產品該如何使用。舉例來說，門把可以旋轉、按鈕可以按、繩索可以拉。這些特色暗示了要怎麼操作物品、與物品互動。產品的功能可見性充足，便能成就「看不見」的好設計，讓人自然就會使用。

　　我們拿生活用品品牌 OXO 來舉例說明功能可見性吧。該品牌於網站上寫他們的特色是「通用設計」，以此哲學盡可能為各色各樣的使用者製造使用方便的產品。此處要特別提到的是該品牌的廚房用品（行銷口號曾為「握在手裡的工具」）。這些用品的設計讓人只能用一種方式拿在手裡，絕對不會握錯。OXO 便以此方法讓所有使用者都能正確使用其產品，而大半使用者壓根不會意

識到這是貼心設計的結果（圖 5.1）。

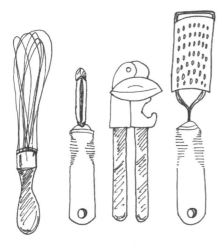

圖 5.1 OXO廚房用品

　　來想想看該如何將功能可見性的概念套用到資料交流上吧。我們可以利用視覺可見性指示聽眾要如何使用圖表、與圖表互動。此處將會討論 3 項原則：①強調重點，②移除使人分心的元素，③打造清楚的資訊階層。

● **原則①強調重點**

　　先前我們已經示範過如何使用前注意特徵導正聽眾的注意力，換句話說，就是要強調重點。繼續來探討這項策略吧。此處的關鍵就是只能強調整體圖表的一部分，因為強調元素的比例增加，強調效果就會跟著減弱。立德威（William Lidwell）等所寫的《設計的法則》（*Universal Principles of Design*, 2003）建議視覺設計中至多只能強調 10% 的內容。本書提供以下指南：

- **粗體**、*斜體*與<u>底線</u>：使用於標題、標籤、說明和短句上時，可以讓不同

元素有所區別。粗體的使用頻率通常比斜體和底線高，因為粗體最不會打亂整體設計風格，又可以特別凸顯想要的元素。斜體也不易擾亂整體風格，但是凸顯效果不及粗體，也較不好閱讀。底線會增加不一致感，而且可能危及閱讀效果，因此應該斟酌使用（或避免使用）。

- 大寫與字型：短句使用大寫文字可以讓人一目瞭然，應用在標題、表格和關鍵字上會有良好效果。盡量避免使用不同字型強調內容，因為整體美感沒有顯著差異，難以察覺。

- **顏色**若斟酌使用、搭配其他強調技巧（例如粗體），便能成為有效的強調策略。

- 反白是相當有效的吸睛技巧，但會大幅增加設計的不一致感，因此應該斟酌使用。

- 大小是另一個吸引目光的方式，也可以強調重要性。

原本的列表其實還寫出了「閃爍或閃光」，並表示僅能用在需要馬上回應、非常重要的資訊上，但是我在編整上述列表時省略了此項。在資料交流、解釋型分析的目的情境下，我並不建議使用閃爍或閃光效果（通常只會讓人覺得煩，根本沒什麼實際用途）。

前注意特徵也能重複運用，若簡報當中含有特別重要的元素，便可以加大上色再加粗來特別強調，吸引目光。

我們來以實例看看將資料視覺化時，要怎樣有效利用強調策略吧。皮尤研究中心 2014 年二月的文章中有張類似圖 5.2 的圖表，標題為「新普查資料顯示結婚的美國人增加，但學歷多為大學以上」。

不同教育程度的新婚率

每千名適婚成年人中的新婚人數

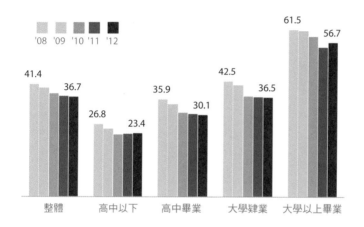

備註：訪問中的適婚成年人包括新婚、鰥寡、離婚或未婚。
來源：全美人口調查
改編自**皮尤研究中心**

圖5.2 皮尤研究中心原圖表

依圖旁的文章看來，圖 5.2 的目的是要說明 2011 至 2012 年總新婚率之所以會增加，主要是因為教育程度大學以上的結婚人口上升（不過圖上「整體」的趨勢似乎也沒增加，但先別管這點吧）。不過，圖 5.2 並未採用特別設計凸顯這點。我的注意力反而放在各類別 2012 年份的資料上，因為該長條的顏色比其他都深。

更改此圖上的色彩搭配，便可以重新引導聽眾的注意力。請見圖 5.3。

不同教育程度的新婚率

每千名適婚成年人中的新婚人數

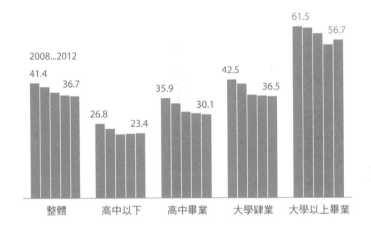

備註：訪問中的適婚成年人包括新婚、鰥寡、離婚或未婚。

來源：全美人口調查

改編自皮尤研究中心

圖5.3　強調重點

　　圖5.3使用橘色強調教育程度大學以上的資料點。將所有元素改成灰色之後，強調色讓聽眾馬上就知道該將目光放在何處。稍後馬上會再回來看這個例子。

● 原則②移除使人分心的元素

　　強調重點之後，接下來就要移除令人分心的元素。安東尼・聖修伯里（Antoine de Saint-Exupery）於其著作《飛行員的探險》（*Airman's Odyssey*, 1943）中寫了句名言：「完美的境界不是沒東西好加，而是沒東西可拿」。要使資料視覺化達到設計完美的境界，重要的不是「添加」和「強調」，而是「削除」

和「淡化」。

　　要辨別圖表中有什麼元素會令人分心，想想看雜訊與脈絡吧。我們先前已經討論過了「雜訊」的概念，也就是占空間、但又不能會為圖表增加資訊的元素。「脈絡」是圖表上必須有的元素，才能使聽眾看得懂你想傳達的溝通內容。提供的脈絡不能過多或過少，必須適中才行。思考看看哪些資訊是關鍵資訊、哪些不是，找出沒必要、多餘或不相干的物件或資訊，判斷哪些東西可能會搶走主要訊息或重點的鋒頭，這些東西就是要移除的候選元素。

　　在此提供一些特定的考量條件，幫助各位辨認可能令人分心的元素：

- 不是所有資料都一樣重要。移除非關鍵資料或要件，善用空間與聽眾的注意力。

- 若細節並非必須，濃縮內容即可。你應該要對細節相當熟悉，但這並不代表聽眾也需要知道細節。考慮看看濃縮內容是不是恰當。

- 問問自己：刪除這樣東西是否會引起變動？不會？那就刪除吧！別因為可愛或花了心血就留下不必要的元素；如果這些東西不能輔助主要訊息，那就不能協助達到溝通目的。

- 淡化不會影響主要訊息的必要元素。運用前注意特徵淡化非必要元素，淺灰色相當適合。

　　每一步的刪減或淡化都能讓留下來的元素更加突出。若不確定某細節是否該刪除，那就想想看有沒有什麼辦法能在不搶鋒頭的前提下將它留住。舉例來說，在投影片簡報裡可以將內容移至附錄，必要時可以用上，但是又不會搶走主要重點的鋒頭。

　　我們回頭看看先前討論過的皮尤研究中心實例。圖 5.3 適量使用了色彩來

強調圖中的重要部分。接著我們可以移除令人分心的元素，進一步改善此圖表，如圖 5.4。

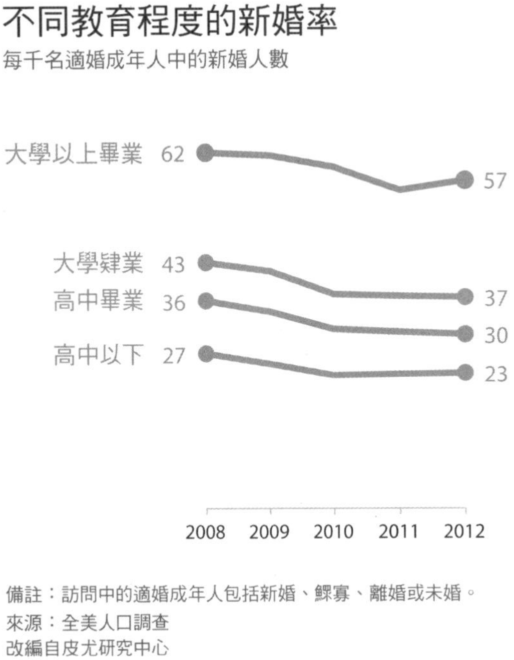
不同教育程度的新婚率
每千名適婚成年人中的新婚人數
大學以上畢業 62
57
大學肄業 43
37
高中畢業 36
30
高中以下 27
23
2008
2009
2010
2011
2012
備註：訪問中的適婚成年人包括新婚、鰥寡、離婚或未婚。
來源：全美人口調查
改編自皮尤研究中心

圖 5.4 移除令人分心的元素

圖 5.4 做出了數項更動，以移除令人分心的元素，當中最大的改變就是長條圖變成了折線圖。如先前所述，折線圖更能讓人一眼看出時間變化的趨勢。這麼做也能降低視覺上的斷層感，原先的五條長條現在簡化成一條折線，且端點加上了強調。以繪製的完整資料來看，我們將二十五條直條簡化成四條折線。將資料整理成折線圖，所有類別便能使用同一條 X 軸，簡化資訊處理的流程（不用先看過左方的圖例，再詮釋每組長條的意義）。

　　新圖表完全移除了原圖表當中的「整體」類別。該類別是所有類別的總和，分別呈現只會顯得多餘，並不會增加價值。並非所有情況都是如此，但至少此案例中「總和」不會讓整個故事變得更值得注意。

　　資料標籤中，小數點以後的數字四捨五入為整數。在此繪製的資料是「每千名適婚成年人中的新婚人數」，我認為人數竟然會有小數點相當奇怪（要把人切成十等分嗎！）。除此之外，此組資料的數據並不小，數字之間又有顯著的差異，代表此處不需精準到小數點以下的位數。做出像這樣的判斷之前，記得要將脈絡納入考量。

　　副標題中的斜體改回正常字體，因為沒必要讓那行文字吸引聽眾目光。另外我還發現，原圖當中標題與副標題的間隔會讓人特別注意到副標題，所以我移除了兩者之間的間隔。

　　最後，新版圖表保留了圖 5.3「大學以上畢業」類別的橘色強調策略，除了資料標籤外，還進一步套用於類別名稱之上。如先前所述，這麼做便能將不同元素以視覺策略綁在一塊，讓聽眾能更輕鬆地詮釋資料。

　　圖 5.5 是重製前後的圖表對照。

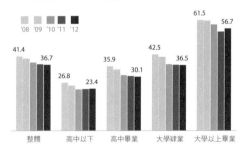

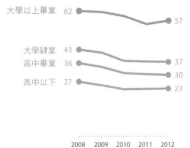

圖 5.5　前後對照

強調重點、移除令人分心的元素後，這張圖表已經大有改善。

● 打造清楚的資訊階層

如同第 4 課所述，用來強調重點的前注意特徵也可以用來打造資訊階層。我們可以凸顯特定元素、淡化其他元素，告訴聽眾大致應按照怎樣的順序來處理圖表內的資訊。

 大類別的威力

製作表格與圖表時，有時可利用大類別（super-category）來整理資料，為聽眾提供詮釋的框架。舉例來說，若你的表格或圖一共有二十組不同的人口分析資料，你可以將這些人口分析資料分成不同群組或大類別，並加上顯眼的標籤，如年齡、種族、收入程度與學歷等等，這些大類別能提供階層式的架構，讓資訊吸收起來更容易。

接著我們來看實例吧，此例利用了特定設計，建構出清晰明瞭的視覺階層。想像你是汽車廠商的老闆，要判斷特定型號是否成功需從兩個層面看起：①客戶滿意度，和②汽車故障的頻率。若欲從這兩個層面來比較今年型號與去年的平均資料，散布圖會是不錯的選擇，如圖 5.6。

不同型號的問題與滿意度

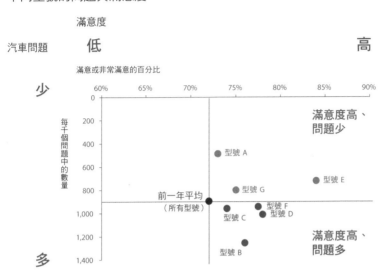

圖5.6　清晰的資訊視覺階層

　　圖 5.6 的設計一目瞭然，讓我們能從滿意度和汽車問題出發，迅速比較今年的不同型號與去年平均的表現。字體的大小與色彩和資料點能夠暗示瀏覽順序，並告訴我們該將目光放在何處。來分析一下此圖要件的視覺階層，並討論此階層會如何幫助我們處理眼前的資訊吧。我吸收資訊的順序大概如下：

　　　　首先，我會先閱讀圖表標題：「不同型號的問題與滿意度」。問題和滿意度使用粗體字，代表這些字很重要，這麼一來處理圖中其他資訊時，腦中便能有了優先順序。

　　　　我第二個看到的是 Y 軸的主要標籤：「汽車問題」，這些問題會從少（最上方）排到多（最下方）。接下來我會看到水平 X 軸的細節：滿意度從低（左）到高（右）。

　　接著吸引我目光的是深灰色的資料點和對應的文字「前一年平均」。此點以直線連結至兩軸之上，讓我能看出前一年的平均約為每1,000 個問題當中有 900 個問題、72% 滿意或非常滿意。如此一來便有了詮釋今年型號資料的架構。

　　最後我看到的是右下象限的紅點。文字說明告訴我滿意度高，但是汽車有許多問題。此圖的結構讓我能一眼看出汽車問題比去年平均還多。紅色的文字強調此情形仍須解決。

　　我們之前提過可以使用大類別簡化詮釋流程，此處的象限標籤「高滿意度、問題少」和「高滿意度、問題多」便有此功能。若沒有這些標籤，我還需花時間詮釋兩軸的標題與標籤，才能理解這兩個象限的意義，有了這兩個簡潔扼要的標題便能省去這段處理流程。注意左方的象限並無標籤；這兩象限沒有任何數值，所以並不需要加上標籤。

　　為了提供脈絡，圖上同樣標出了其他資料點與細節，不過這些元素經過淡化處理，以減少認知負擔、簡化圖表。

　　將此圖拿給我先生看之後，他的反應是：「我的注意順序跟你不同，我一眼就看到了紅色的元素」，讓我不禁思考了起來。首先，我很訝異他會從紅色的元素看起，因為他患有紅綠色盲，但是他表示圖上的紅色還是與其他元素有相當大的差異，因此吸引了他的注意。第二，我看過的圖表實在太多了，因此我早已習慣先從細節開始看起：先從標題和軸標題看起，好在詮釋資料前先搞懂我究竟在看什麼資料。其他人可能會比較急著尋找結論。若從此角度來看，我們的目光首先會放在右下象限，因為紅色有重要的意涵，代表應該特別注意。吸收進這些資訊之後，我們才會回頭閱讀圖中其他的細節。

　　總而言之，細心建構的清晰視覺階層能夠替聽眾建構好處理資料的順序，讓有深度的圖表看起來不會那麼複雜。強調重點、移除令人分心的元素、打造出視覺階層後，我們以資料繪製的圖表便能讓聽眾輕鬆理解。

對各種人都好用

　　易用性的概念指出，設計品要好、就應該讓能力不同的人都能使用。起初這概念是為了身心障礙者而產生的考量，但涵蓋範圍卻隨著時間越來越廣，我將會在此進行解說討論。套用在資料視覺化的領域上，我認為易用性代表的是要讓不同技能的人都能使用。你也許是工程師，但是你的圖表不應該只有機械系畢業的人才看得懂。身為設計師，你的責任就是要讓圖表簡單易用。

不良設計是誰害的？

　　就像設計良好的產品一樣，若資料視覺化設計得巧，圖表就容易詮釋理解。詮釋圖表等理解資料的過程若出了狀況，通常使用者都會把錯怪到自己身上。但是，其實在大部分的情況下，理解障礙並不是使用者的錯，而是設計有瑕疵。好的設計需要詳加規畫與考量。除此之外，最重要的就是要考量到使用者的需求。在此再次提醒，在設計資料交流的內容時，一定要將聽眾（使用者）擺在第一順位。

　　我們就拿著名的倫敦地鐵圖來當設計易用性的例子吧。繪圖師哈利‧貝克（Harry Beck）認為地面上的地理環境與地鐵線毫無關聯，於是移除了此限制，於 1933 年繪製出一張精美簡單的設計圖。與先前的地鐵圖相比，貝克利用簡單易用的設計製作出容易閱讀的視覺圖表，成了穿梭倫敦的必要指南，甚至進一

步變成全球公共運輸地圖的樣板。現今在倫敦使用的地鐵圖仍為同一張，只經過些微修改。

　　我們會討論兩項與易用性相關的資料視覺化策略：①切勿過度複雜化，②文字是好朋友。

● 策略①切勿過度複雜化

　　「讀起來難，做起來也會難」。這是密西根大學的宋與舒瓦茲（Song and Schwarz）兩位研究者於 2008 年所得出的研究結果。首先，他們給兩組學生看了一項練習的書面指示。一半學生拿到的指示是容易閱讀的 Arial 字型；另一半學生則是拿到草寫字體 Brushstroke 寫成的指示。研究員詢問學生這項練習大概會花上多久時間、他們多願意嘗試。結果如下：字型越潦草，學生便越難判斷所需時間，而且還會越不願意進行嘗試。第二次的研究使用了一份壽司食譜，同樣得到類似結果。

　　將此結果套用在資料視覺化上：看起來越複雜，聽眾便會認為要越久時間才能理解、越不願意花時間解讀。

　　如先前所討論，在此情形下視覺可見性便能派上用場。以下提供幾項訣竅，讓你的圖表和溝通內容看起來不會太過複雜：

- 容易閱讀：使用前後一致、容易閱讀的字體（字型和大小皆需納入考量）。
- 乾淨俐落：利用視覺可見性讓你的資料圖表平易近人。
- 言簡意賅：用語要簡單勿拗口、字數要少勿多，解釋聽眾可能不熟悉的專有名詞，拼出縮寫全名（僅於第一次使用或註解裡頭）。

- 移除不必要的複雜元素：選擇採用簡單或複雜的設計時，千萬選擇簡單的。

重點不是要過度簡化，而是不需要讓簡單的東西變得太複雜。有次我去聽一位知名博士學者的簡報。他散發出聰明的氣場，聽到他說出了第一個長音節單字後，我便相當佩服他的字彙量。但當他繼續操著滿口學術語言，我開始逐漸失去耐性。他的解釋過度複雜，他使用的單字過度冗長，聽眾必須花相當大的心力才能集中注意力。我越來越不耐煩，幾乎聽不下他說的話。

若刻意使用聰明的語言惹惱聽眾，便有讓聽眾覺得自己不夠聰明的風險。不管如何，聽眾肯定不會覺得這次經驗讓人滿意。千萬要避免這種情況。若你無法判斷你的內容是否過度複雜，那就向朋友或同事尋求意見或回饋吧。

● 策略②文字是好朋友

細心考量、善用文字，便能讓你的資料圖表平易近人。在資料交流的過程中，文字擔任了幾種角色：可以用來標記、介紹、解釋、強化、強調、建議、以及訴說故事。

圖表中有幾種文字絕對不可缺少。每張圖都需要標題，每條座標軸也需要標題（此原則的例外少之又少）。無論你認為脈絡解釋得多清楚，若缺少這些標題，觀眾便會停下來質疑自己在看的究竟是什麼東西。記得加上清楚的標記，讓聽眾將腦力用來解讀資訊，而非用來搞懂該如何讀圖表。

別假設不同人會從同一張圖表中得到相同結論。如果你希望聽眾做出某項結論，那就直接用文字寫出來。利用前注意特徵讓這些重點文字凸顯出來。

idea　投影片的行動標題

　　PowerPoint 投影片最上方的標題行可是寶貴的空間：千萬要善用！這是聽眾在頁面或螢幕上會看到的第一樣東西，但是卻經常被多餘的敘述標題填滿（如「2015 年預算」）。將此空間用在行動標題上吧。如果你想提出建議，或者希望聽眾知道什麼、有何行動，那就寫在上方吧（例如「2015 年的預估支出高於預算」）。這樣一來聽眾就絕對不會錯過，對於剩下頁面上的資訊心裡也能有個底。

　　將資料視覺化時，有時也可以用文字直接在圖表上註記重要或有趣的事項。你可以使用註解來解釋資料當中的細節、強調值得注意的重點或者描述相關的外在因素。圖 5.7 是我最喜歡的資料視覺化註解範例，大衛‧麥坎德列（David McCandless）製作的「從臉書即時動態看分手尖峰時刻」。

分手尖峰時刻
從臉書即時動態來分析

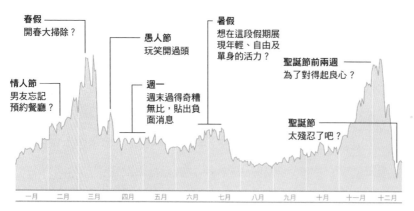

圖 5.7　使用巧妙的文字

從左到右閱讀圖 5.7 的註解時，我們可以先看到情人節分手頻率增加，接著在春假達到高峰（副標題「開春大掃除」相當幽默）。愚人節也有一小波高峰，也強調了週一分手的趨勢。暑假的分手頻率起伏並不大。接著我們看到聖誕假期前分手頻率大增，卻在聖誕節驟減，因為顯然此時甩掉對方「太過殘忍」。

只需要細心挑選少數幾個文字與句子，便能讓這組資料更加容易閱讀。圖 5.7 還有另一個重點，那就是此處並未遵守我先前所提到的「座標軸標題不可缺」原則。此處是設計的刻意安排，因為較重要的並非資料的詳細數字，而是相對的尖峰與低點。不標記垂直座標軸（寫出標題或標籤），便不會產生太多爭論（這是什麼資料？是怎麼計算的？我同意嗎？）。此處不加上標記是刻意的設計，雖然在大多數情形下並不恰當，但是此案例是少數的反例。

我們重新看看第 3、4 課的回報單案例，這次想辦法用文字來提升易用性吧。圖 5.8 是移除雜訊、利用資料標記與標籤集中聽眾目光後的成品。

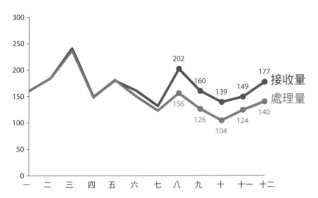

圖5.8　回頭看看回報單的案例

圖 5.8 挺美觀的，但少了文字讓人有點難推測意涵。圖 5.9 加進了必要的文字，便解決了此問題。

回報單的時間變化

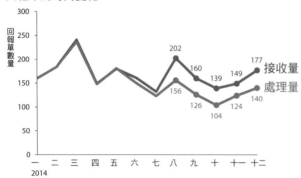

資料來源：XYZ內部數據，2014/12/31

圖5.9　用文字讓圖表更平易近人

　　圖5.9加進了不可缺少的文字：圖表標題、座標軸標題以及資料來源的註腳。
圖 5.10 則更進一步加進行動呼籲以及註解。

請同意雇用兩名全職員工
填補去年空出的職缺

回報單的時間變化

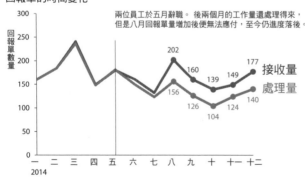

資料來源：XYZ內部數據，2014/12/31　平均每人處理量與解決問題所需時間已完成深入分析，
若需要可提供作為申請參考。

圖5.10　增加行動標題與註解

圖 5.10 的巧妙文字使用讓整個設計更加平易近人。觀眾一眼便能看懂自己在看什麼資料，也知道該注意哪裡、為什麼要注意。

美的設計比不美的要好用

用資料進行交流時，真的有必要讓圖表「美觀」嗎？答案絕對是肯定的。大家總會認為較美觀的設計比沒那麼美觀的設計好用，但實際情況不一定如此。研究顯示，使用者不僅認為較美觀的設計比較容易使用，也更容易被接受、長久使用，還能促進創意思考與解決問題能力、培養正面關係、讓使用者較能容忍設計瑕疵。

美觀的設計較能讓使用者容忍設計問題，以前美則（Method）公司的洗碗精瓶身設計即為一例，如圖 5.11。這個擬人的造型讓洗碗精變成了藝術品，上得了檯面，不用隱藏在流理台底下。雖然瓶身會造成液體滲漏，但是瓶身設計卻引起很大的迴響。因為瓶身的美感效果太吸引人，使用者願意將瓶身滲漏的缺點視而不見。

圖 5.11　美則洗碗精

　　碰上資料視覺化或是任何其他資料交流的情況，花時間讓設計更加美觀能讓聽眾更有耐心看完圖表，增加成功傳遞訊息的機率。

　　如果你覺得自己沒能力做出美觀的設計，那就找些視覺資料化的佳例來依樣畫葫蘆吧。看到一張不錯的圖表時，停下來想想看你喜歡它的哪一點。你也可以存下來，累積成一系列的視覺圖表收藏，從中尋找靈感。你可以模仿優良設計，打造出自己的圖表。

　　說到資料視覺化的美感設計，我們就來仔細討論幾項重點吧。先前課堂已經介紹過與美感有關的主要概念，所以這邊只會稍微帶過，接著以實例看看美感效果能如何協助改善資料圖表。

1. **善用顏色**。使用色彩一定要有特定的理由；斟酌使用色彩、善用策略強調圖表中的重點。

2. **注意對齊**。整理頁面上的元素，排列出俐落的水平與垂直對齊線，打造和諧與一致的感覺。

3. **使用空白**。保留邊界頁緣；別放大圖表填滿空間，或者為了填滿空間而增加元素。

　　色彩、對齊與空白等元素設計若運用得當，便能讓人根本不會特別意識到。但是，若錯誤應用這些元素便會引起觀眾皺眉例如五顏六色、不對齊或缺乏空白的圖表都會讓聽眾看得不太舒服。這種圖會讓人覺得雜亂無章，似乎忽略細節似乎。這麼做，會讓人覺得你毫不尊重資料和聽眾。

　　來看個例子吧，請見圖 5.12。想像你是一間著名美國零售商的員工。這張圖以 7 個客群分類（如年齡範圍）來分析美國人口與本公司顧客的組成。

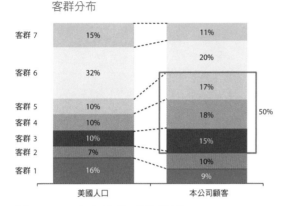

圖5.12　未考量美感的設計

　　經過了先前的課程，現在我們能做出更聰明的設計選擇。此處特別要討論的是該如何利用色彩、對齊與空白來改善圖 5.12。

　　此圖濫用了色彩。圖上的顏色太多，每種顏色都在爭奪我們的注意力，讓我們難以一次專心看一組資料。回顧先前的可見性概念，我們應該想想看希望聽眾注意何處，並且只在該處使用色彩。此圖使用了紅色線框來框出右方的客群 3 到 5，示意這些客群相當重要，但是其他的元素也在爭奪我們的注意力，讓我們無法一眼看到紅框裡的重點。其實我們只需要善用色彩策略，便能讓重點凸顯，讓閱讀流程更加輕鬆。

　　圖中的元素沒有對齊。圖表標題使用置中，但卻因此沒有與圖中任何其他元素對齊。左方的客群標題也沒有置左或置右對齊成俐落的線條。整張圖表看起來太鬆散了。

　　最後，這張圖的空白間隔用錯了。客群標題與資料之間的間隔太大，眼睛難以從客群標題連結到資料本身（我還有股衝動想用手指連結標題與資料：此處可以縮短標題與資料之間的間隔，省下此步驟）。資料條之間的間隔太窄，無法以最佳方式強調資料，還塞滿了毫無必要的虛線。

圖 5.13 呈現了相同的資訊，不過原有的設計問題已經解決啦。

客群分布

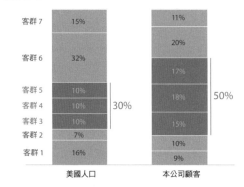

圖5.13　美感設計

圖 5.13 應該會讓你比較願意多看幾眼吧？此圖的設計很明顯投入了比較多心思：設計師花了時間才做出這樣的成品。因此，聽眾也有了花時間看懂的責任（差勁的設計就無法產生此效果）。巧妙利用顏色、對齊物件、運用空白間隔，便能讓設計產生視覺上的整齊感。如此注重美感效果，便代表你尊重自己的心血，也尊重聽眾。

增加接受度

設計要產生成效，就必須讓目標觀眾接受。此名言特別適用於實體產品或資料視覺化領域。但是，要是聽眾不接受你的設計，那又該如何是好？

我的工作坊中經常有聽眾提起這種兩難局面：我想改善我們看資料的方式，但是以前嘗試改變時受到不小的阻力。其他人有自己特定的閱讀習慣，而且還不希望我們擅自更改。

大多數人在經歷改變時難免會產生不自在的感覺。立德威等人於《設計的法則》一書中寫道，一般聽眾抗拒新事物是因為早已習慣舊事物。因此，若要大幅改變「一直以來的那一套作法」，不能僅僅以新替舊，還需要花點心思讓聽眾接納。

以下是設計資料圖表時，可用來增加接受度的幾項策略：

- 說明新方法或不同方法的好處：有時候只需要在更動的部分出現前，讓聽眾知道為什麼會這樣，便能讓他們感覺較為自在。用不同角度看資料是否會產生新的或比較好的看法？還有沒有其他好處能說服聽眾接受改變？

- 並列呈現：如果新方法顯然比舊方法還好，並列呈現便能展示這點。除了並列呈現前後對照之外，還可以順帶解釋為什麼要改變視角。

- 提供多個選項、尋求意見：除了自行決定之外，你也可以考慮打造幾個不同選項，並向同事或聽眾（若恰當的話）尋求意見，以判斷哪種設計最能符合需求。

- 拉攏重要的聽眾成員：找出聽眾中具影響力的成員，單獨與他們討論該如何增加設計接受度。詢問他們的意見，依照意見改善。若能成功拉攏一個以上的重要聽眾，其他人也有可能跟進。

若碰上阻力，就要想想看問題根源是不是因為聽眾需要時間適應，或是你提出的設計可能有問題。你可以向非利害關係人尋求意見，把圖表拿給他們看，若可行的話也可以讓他們看看新舊圖表的差異。請他們告訴你處理圖表的思維過程。他們喜歡什麼？想到什麼問題？比較喜歡哪張圖？為什麼？從公正第三方的嘴裡聽到答案，可能可以幫你找出聽眾無法接納的設計問題。討論過程也許也能幫你找出新設計的優點，以增加聽眾的接受度。

第5課重點整理

　　學習應用傳統設計思維，能讓我們朝成功的資料交流邁進一大步。暗示如何互動、為聽眾提供視覺可見性：強調重點、移除令人分心的元素、打造資訊視覺階級。切勿過度複雜化、利用文字標記解釋，讓你的設計平易近人。花點時間美化圖表，增加聽眾對設計問題的容忍度。使用上述討論到的策略來增加聽眾對圖表的接受度。

　　恭喜！現在各位已經學會了用資料說故事的第 5 課：套用設計師思維。

解析5個
好範例

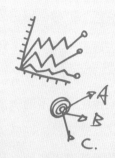

這堂課要用前面的內容來分析幾個視覺圖表的優良範例。我要提醒各位,這沒有標準答案,但觀眾一定能體會哪種圖表容易理解,哪位講者更有心溝通。

 你可以學到這些

 好圖表,是簡潔又能溝通到位的圖表。

 觀摩能善用色彩、粗度和大小等設計元素的好圖表,下次做圖表時,就是最好的參考。

　　目前為止的課程內容皆為改善資料交流能力的技巧。現在你已經打好了基礎，清楚什麼樣的視覺元素才能發揮效用，我們就來看一些「好」的資料圖表實例吧。進入最後一課之前，我們會先檢視幾個視覺模型，運用先前的課程內容討論其思考流程與設計選擇。

　　各位可能會注意到不同例子背後都有相似的考量。在繪製每個例子時，我一向會思考我希望聽眾如何處理資訊，並依此做出決定，強調希望聽眾注意的元素、淡化背景元素。因此，我會多次強調顏色與字型大小等要點。在多個案例當中也會提到視覺元素的選擇、資料相對順序、元素的對齊與放置以及文字的使用等等。利用不同實例的設計選擇重複說明，可以有效加強我想傳授的概念。

　　此處的每張圖表皆是為了特定狀況所打造。我會簡短介紹相關的情境，但是請別太注重細節。多花點時間看看每組視覺模型，動動腦袋思考。想想看你可以利用什麼方法（或特定方法的不同面向），來解決你碰上的資料視覺化難題。

範例①折線圖

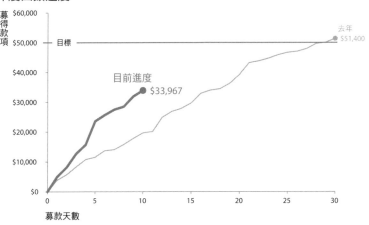

年度回饋進度

圖6.1　折線圖

　　X 公司每年都會舉辦為期一個月的「回饋活動」，募款做慈善。圖 6.1 為今年目前為止的進度。我們來看看這個例子好在哪兒，背後有哪些刻意做出的設計決定。

　　圖中文字使用得當。該有的標題都有，該有的標籤也沒少，因此看這張圖時腦中不會冒出疑問。圖表本身、垂直與水平座標軸皆標上了標題，圖中的折線也直接加上標籤，因此聽眾不需在圖例與資料間來回移動目光，解讀此處繪製的究竟是什麼資料。文字使用得當，因此簡單易用。

　　使用第 4 課的「目光在哪裡？」測試來看，我首先會迅速掃過圖表標題，接著將目光放到「目前進度」趨勢上（我們希望聽眾注意的地方）。凡是圖表標題，我幾乎都會選用深灰色，少有例外。深灰色能凸顯標題，但又不會產生

純黑色搭配白底的強烈對比（但圖上未使用其他任何顏色時，我反而會使用黑色來當凸顯色）。圖中使用數項前注意特徵將目光導向「目前進度」的趨勢：色彩、線粗、終點的資料標記與標籤以及對應文字的大小。

　　圖中包括了數項比較要點，作為更大的參考脈絡，但這些要點經過淡化處理，看起來不會太過雜亂。圖中畫進 $50,000 的目標作為參考，不過用細線淡化此參考要點；折線、文字與其他圖表細節一致使用灰色。圖中也加入去年的捐款趨勢，但用細線和淺藍進行淡化處理（以跟今年的進度作比較，但又不會搶鋒頭）。

　　座標軸的標籤背後有幾項刻意做出的決定。你可以考慮將垂直 Y 軸的數字改為以千為單位，如此一來座標軸的尺規便會改成 $0 至 $60，座標軸標題需改成「募得款項（千元）」。若數字是以百萬計的話，我應該會這麼做，不過以千計算來說對我有些迂迴，所以我在此處不更改尺規，保留了 Y 座標軸標籤的零。

　　我們有興趣的是整體趨勢、而非特定天數的情形，因此水平 X 座標軸不需標出每一天的天數。我們手上有三十天中十天的資料，因此我選擇以五天一個標籤為單位（此處討論的是天數，所以也可以考慮每七天一個單位，另外也可加上週一、週二等大類別）。此例的正確答案不只一個：你應該將脈絡與資料納入考量，同時想想你希望聽眾該如何使用此圖，並且依據上述的考量做出決定。

範例②加進預測與註解的折線圖

業績成長趨勢

業績（10億元）

2006-09：
年度業績
成長7-8%

2010：
年度業績
成長22%、
更加顯著，
原因為a、b
與c

2011-14：
每年業績
穩定成長
8-9%

2015後：
預測業績
每年增加
10%*

$108　$119　$131　$144　$158

實際　　預測

資料來源：業績資料中心；年度數字為至當年12/31為止。
*使用此註腳解釋預測未來每年10%成長的驅動原因為何。

圖6.2　加上預測與註解的折線圖

　　圖 6.2 為加上註解的折線圖，圖中資料為實際與預測的年度業績。

　　我經常看到有人會將預測與實際資料畫成同一條折線，不使用任何明顯特徵來區別預測數字。這麼做並不恰當。我們可以使用視覺提示來區別實際與預測資料，簡化詮釋資料的過程。圖 6.2 中的實線代表實際資料，較細的虛線（看起來比粗黑的實線不穩定）代表預測資料。在 X 座標軸下方清楚標出「實際」與「預測」標籤可以進一步強化兩者的區別（全用粗體，方便目光掃過），另外還使用淺色網底進一步以視覺區分預測資料。

　　這張圖當中，除了圖表標題、文字方塊裡的日期、資料（折線）、選擇式資料標記及 2014 年以後的數字資料標籤，其他元素全使用灰色字型淡化為背景。從元素的視覺階級來看，我的眼睛首先會看到左上方的圖表標題（位置和上例討論過的前注意深灰色大字體都是原因），接著移到文字方塊裡的藍色日期，此時我可以停下來讀讀裡頭的脈絡文字，再往下看資料裡對應的資料點或趨勢。僅有註解中提到的時間點才使用資料標記，因此聽眾能更快看出哪部分的資料與註解相關（原本資料標記為實心的藍點，我把它換成空心的藍點，讓這些資料點更加突出，看起來也美觀；預測的資料標記是比較小的實心藍點，因為空心藍點跟虛線放在一起會變得雜亂不堪）。

　　$108 的數字標籤使用粗體。此資料點經過刻意強調，因為此點是實際資料與預測資料之間的區別。歷史資料點並未加上標籤，反而保留了 Y 座標軸，讓聽眾大致對幅度有個概念，因為我們要聽眾注意的不是精準數值，而是相對趨勢。預測資料點加上數字資料標籤，讓聽眾對於未來的預期一目瞭然。

　　除了刻意改變的地方之外，圖中的文字全採用相同大小。圖表標題較大，註腳使用較小的字體進行淡化，並且放在圖表最下方、優先順序較低的位置，這樣一來需要時可使用註腳幫忙詮釋，又不會搶了鋒頭。

範例③ 100%堆疊直條圖

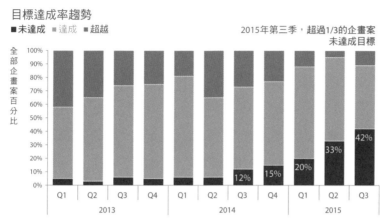

圖6.3　100%堆疊直條圖

　　圖6.3的堆疊直條圖是顧問圈的範例圖表。每個顧問企畫皆有其特定目標。每一季皆會按照目標評估企畫案的進度為「未達成」、「達成」或「超越」。這張堆疊直條圖呈現了不同時間每個類別在所有企畫中占的百分比。跟先前的例子一樣，此處我們不需太過在意細節；思考看看這張資料圖表的背後有何設計考量是值得學習的吧。

　　首先看看這張圖當中的物件對齊。圖表標題、圖例與垂直Y座標軸標題全都放在圖表的左上方，因此聽眾在看到資料前，就能知道該如何解讀這張圖。圖表標題、圖例、Y座標軸標題與註腳全都置左對齊，在圖表左邊製造出俐落的直線。右手邊上方的文字置右對齊，與最後的資料條成一直線，同時該段文字所描述的也是該條資料（此處利用了格式塔的相近法則）。此文字方塊同樣也與圖例垂直對齊。

　　此處僅用紅色作為凸顯色（我認為一般的紅色太過顯眼，所以經常使用暗紅色，此處也不例外）。其他元素全為灰色。除了使用紅底白字大字體的明顯對比作為額外的視覺提示外，此處還在希望聽眾注意的地方上使用數字資料標籤：未達成目標企畫的比例不斷上升。其他資料保留下來作為參考脈絡，不過經過淡化處理成背景，以免搶了聽眾注意力。稍有差異的灰色色階讓你可以分別閱讀各組資料，卻又不會搶了紅色資料的鋒頭。

　　每條堆疊直條中，資料由下至上從「未達成」排列至「超越」類別。「未達成」類別距離 X 座標軸最近，直條皆對齊於同一直線上（X 軸），因此時間變化一目瞭然。「超越」類別對齊排列於圖表上方，時間變化看起來也相當清楚。達到目標的比例時間變化較難觀察，因為這段資料並沒有使用圖表上方或下方作為基線，但是此類別的比較重要性較低，因此沒關係。

　　文字能讓圖表平易近人。這張圖有標題，Y 座標軸有標題，X 座標軸則使用了大類別（年份）來減少多餘的標籤，讓資料更加一目瞭然。右上方的文字強調了聽眾應該注意的重點（第 7 課中將會在敘事的脈絡下深入探討文字使用）。註解寫出了企畫案總數的時間變化，我們無法從 100% 堆疊直條圖中直接看出此項資訊，因此這是有幫助的脈絡資訊。

範例④正負堆疊長條圖

預期主管人數時間變化

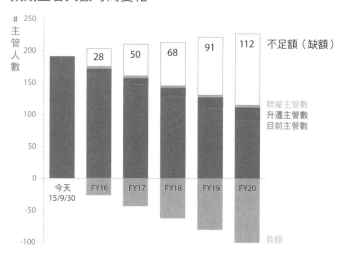

此處可以註腳解釋相關的未來預測與計算方式。

圖6.4　正負堆疊長條圖

　　圖6.4為分析師業界的實例。此圖適合用來預測未來資深人員的需求，並判斷未來可能會有的空缺，以便即時主動做出應對措施。此例當中，主管的不足額將會逐漸升高，因為主管的聘雇與升遷名額不足以彌補負額（離開公司的主管人數）。

　　目光掃過圖6.4的路徑：我先看到標題，之後直接注意到粗體黑色的大字體數字，以及右方指示這些數字為「不足額（缺額）」的文字。接著，我的眼睛繼續向下看，讀過文字，接著回去往左瞄一眼每句文字所代表的資料，最後看到最後一組資料，也就是最下方的「負額」。此時，我的眼睛在直條的「負額」和「不足額（缺額）」部分之間來回，並注意到主管人數從左到右逐漸增

加（可能是因為公司整體有所成長，資深領導人的需求跟著增加），但是大半的不足額都是目前主管離職所導致。

　　圖中的色彩皆為刻意的選擇。「目前主管數」使用了我常用的標準藍色。離職的主管（「負額」）採用飽和度較低的藍色，以用視覺效果將兩組資料綁在一起。你可以看到在軸之上的藍色部分越來越少，離職的主管越來越多。「負額」資料朝著負數方向前進，更進一步強調這組資料代表主管的減少。透過聘雇與升遷增加的主管以綠色（有正面意涵）表示。不足額的部分為黑框空心長條，以空白強調此處為空缺。右方的文字標籤與對應的資料組採用相同色彩，僅有「不足額（缺額）」與此組資料的資料標籤一樣採用粗體黑色大字體。

　　堆疊直條中，資料組的順序也經過刻意安排。「目前主管數」為基底，從水平座標軸向上延伸。稍早曾提過，負數的「負額」資料組落在負數象限。「目前主管數」上方則是增加的人數：升遷與聘雇。最後，最上方（比後續資料還先看到的地方）則是「不足額（缺額）」。

　　圖中保留了 Y 座標軸，讓讀者對於整體幅度大小有個概念（正負皆是），但用灰色文字淡化。只有特別需要注意的要點，如「不足額（缺額）」才直接標上數值。

　　除了特別強調或淡化的要素之外，圖中所有的文字都是同樣大小。圖表標題字體較大，座標軸標題「主管人數」稍微大了一點，讓讀者能較輕鬆閱讀旋轉文字。「不足額（缺額）」的文字與數字比圖中其他文字粗大，因為這是我們要聽眾注意的重點。註腳字體較小，需要時可以參考，可是又不會搶走目光。灰色與最底部位置能更進一步淡化註腳。

範例⑤堆疊橫條圖

前十五大應優先開發重點，調查結果

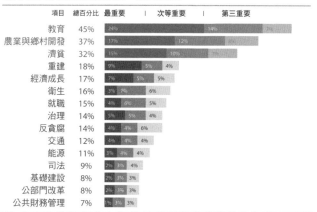

N=4,392。調查問題為：「考量開發優先順序時，您認為最重要的是？次等重要的是？第三重要的是？」
應答者從清單中選擇。
此處列出前十五名。

圖6.5　堆疊橫條圖

　　圖6.5為一開發中國家對開發優先順序的調查結果。此圖囊括了相當多資訊，但是因為強調與淡化的策略應用得當，看起來並不會讓人眼花繚亂。

　　依繪製資料的性質來判斷，此處適合使用堆疊橫條圖：最重要（以最深色調擺在第一位）、次等重要（以稍淺的同色彩色調擺在第二位）與第三重要（以更淺的同色彩色調擺在第三位）。使用水平橫條圖能讓左方的類別名稱較易閱讀。

　　類別由上而下依「總百分比」的順序遞減排列，讓聽眾在詮釋資料時有清楚的架構。百分比最高的類別在最上方，讓人第一眼就能看到。前三大優先開發重點用色彩特別強調（原版圖表旁的文字敘述將重點放在這三大項目上）。類別名稱、總百分比與資料的堆疊橫條皆採用相同色彩。統一色彩可以將這些

元素全綁在一塊。

　　繪製資料時，必須決定是否保留座標軸或直接標記資料點（全部或部分），或者兩者兼具。此例當中保留了橫條裡的數字資料標籤，但用了較小的字體淡化（置左對齊，如此一來目光掃過「最重要」的資料標籤時就能看到一條俐落的直線，置中或置右的話文字會位置不一，看起來較雜亂）。資料標籤進一步使用顏色進行淡化：淺藍或淺灰色擺在色彩橫條上的對比，不會如同白字一樣強烈。X 座標軸直接移除，因為這些詳細數據相當重要，可以直接標在橫條上。不同情境可能需採用不同策略。

　　如同先前幾個例子，此圖也善用了文字。所有元素都加上標題和標籤。標題「項目」與「總百分比」全為大寫字母，以讓聽眾能一眼掃過。詮釋圖表用的圖例就在第一組資料橫條的上方，關鍵字「最」、「次等」與「第三」加粗強調。另外的細節則寫在註腳當中。

第6課重點整理

　　觀察視覺圖表的佳例、考量背後的設計決定，能夠讓我們從中學習。從本章的例子當中，我們回顧了先前幾章的課程內容，討論了圖表種類的選擇與資料排序，探討了目光放在何處、觀看資料的順序會因色彩、粗度和大小等強調或淡化策略改變。元素的對齊與位置也需詳加考量。最後，適當的使用文字，如加上清楚的標題、標籤與註解等，都能讓圖表更平易近人。

　　無論是好是壞，每個資料圖表案例都可以讓人從中學習。看到你喜歡的元素時，停下來想想為什麼。定期追蹤我的部落格（storytellingwithdata.com）的讀者可能會知道我相當喜歡下廚，因此我經常在資料分析的領域中使用以下的料

理譬喻：在資料視覺化領域當中，鮮有（或許根本沒有）唯一「正確」的答案，而是有不同種的好味道。本章的例子便是圖表界當中的高級料理。

　　話雖如此，不同人在面對同樣的資料視覺化難關時，很可能會做出不同決定。因此，各位可能會不同意我在這些圖表中的設計決定。這絕對不是問題。我希望能藉由說出思考過程，讓各位理解為何會如此設計。各位自己進行設計過程時，需將這些考量放在心裡。記得，你的設計決定絕對不可出自偶然，需經過詳細的思考。

　　現在各位已經打好了基礎，讓我們一起進入用資料說故事的下一課：說故事。

第7課

學習說故事

每個人都喜歡聽故事,故事的衝突和張力,能勾起觀眾好奇,吸引他們的眼球。學會鋪陳故事的起承轉合,搭配簡報的順序,你就贏了一半。

 你可以學到這些

 偷學文學家和劇作家說故事的技術

 故事是說給人聽,不是自嗨;你得從觀眾的角度檢視故事

 應用水平與垂直邏輯、回推分鏡與尋求全新觀點等技巧

　　舉辦工作坊時，我經常會在說故事的課堂上以回想練習作為開場。我會請參加者閉上眼睛回想《小紅帽》的故事，尤其是故事情節、轉折與結局。這個練習有時會引來哄堂大笑；不知是有心還是無心，經常會有人將《小紅帽》與《三隻小豬》搞混。不過，我發現大半的參加者（舉手者約為八成到九成）都能想起詳細的故事，而通常他們的版本都會比格林童話的殘忍原版來得溫和些。

　　請各位配合我一下，我來說說我記得的版本吧：

　　　　祖母臥病在床，於是小紅帽打算走進森林，將一籃東西帶給祖母。小紅帽在路上碰到一名樵夫與一頭狼。那頭狼先跑去吃掉了祖母，接著穿上祖母的衣服。小紅帽抵達時，覺得不太對勁。她問了（假扮成祖母的）狼一些問題，最後說出她的觀察：「祖母，妳的牙齒還真大！」狼回答：「那是因為要用來吃妳！」接著就把小紅帽也給吞下了肚子。樵夫經過，看到祖母家的門開著，決定進去察看。他發現狼用完餐後正在裡頭打盹。樵夫心有所疑，於是把狼的肚子剖開。祖母和小紅帽平安無事的從肚子裡頭冒了出來！最後結局皆大歡喜（除了狼以外）。

　　接著回來討論現在可能在各位腦裡盤旋的問題吧：《小紅帽》跟資料交流有什麼關係？

　　我認為這個練習證明了幾件事情，第一就是重複的力量。你可能聽過某一個版本的《小紅帽》故事好幾次，也可能閱讀、說過一個版本的故事好幾次。數次重複閱讀、聽、說的過程能將內容牢牢鎖在我們的長期記憶裡頭。第二，《小紅帽》等故事採用了情節／轉折／結局的神奇組合（稍後將會學到，亞里斯多德將此稱為開端／中段／結尾），以一種方便回憶、重訴給別人聽的方式，將此故事嵌入在我們的記憶裡頭。

在這一課，我們將要探討故事的魔力，學習如何使用說故事的概念來有效進行資料交流。

故事的魔力

觀賞一齣好劇、看到一部引人入勝的電影或者閱讀一本精彩的好書，都能讓人體驗故事的魔力。好故事能夠吸引你的注意力，帶你展開旅程、激起情緒反應。你會難以轉開目光或放下書本。結束之後，不管是一天、一週，甚至是一個月之後，你都還能輕鬆地將內容敘述給朋友聽。

要是我們能燃起觀眾的這種精神和情緒，那該有多好？故事是個禁得起時間考驗的架構；自古至今，人類皆以故事進行溝通。我們也可以在商業交流上利用這項強力工具。一起來看看戲劇、電影和書等藝術型態，了解這些說故事大師身上有什麼值得學習的地方，能讓我們用資料說故事的技巧更上一層樓。

● 戲劇中的敘事

敘事結構的概念最早是由柏拉圖與亞里斯多德等古希臘哲學家提出。亞里斯多德引進了一個基本卻深遠的概念：故事有個清楚的開頭、中段與結尾。他提出戲劇的三幕架構說法。這個概念隨著時間演進，現在通常被稱為布局（setup）、衝突（confliction）與解決（resolution）。我們來快速分別看看通常這三幕會有何內容，接著想想看此方式有什麼值得學習的地方。

第一幕為故事設下背景，介紹主要角色（或稱主角）、角色關係以及他們所居住的世界。設置完畢後，主要角色會面臨某一事件，試圖解決此事件的過程通常會引起一個更加戲劇化的情境，這就稱為第一轉捩點。第一轉捩點會徹底改變主要角色的生活，並且利用主要角色的行動提出戲劇性的問題，以在戲

劇高潮中回答。第一幕到此結束。

　　第二幕為故事主體，描述了主要角色試圖解決第一轉捩點引起的問題過程。主要角色經常缺乏處理眼前問題的技術，因此處境會越來越艱辛。這稱為角色轉折（character arc），意思是主要角色因為發生的事而經歷人生的重大變化。主要角色可能需要學習新技能，或者更加認識自己、了解自己的潛能，以便應對自己的處境。

　　第三幕會為故事與劇情分支做個了結，當中包括使故事張力達到最高點的高潮。最後，第一幕引進的戲劇性問題獲得解答，讓主角以及其他角色對自己有全新的認識。

　　此處有幾點值得我們學習。首先，只要碰到溝通交流的情境，我們大致都可以使用三幕架構作為參考模型。第二，要有**衝突**與**張力**才能構成完整的故事。我們稍後就會回來討論這些想法，並探討實際應用的可能。先來看看電影的說故事專家身上有什麼值得學習的吧。

● 電影與敘事

　　羅伯特・麥基（Robert McKee）是曾獲獎項肯定的編劇與導演，也是備受尊重的劇本寫作課程講師（他的學生中曾有 63 位獲得奧斯卡獎、164 位獲得艾美獎，他的著作《故事的解剖》（*Story*）也是許多大學電影學程的指定參考書）。他曾經在一篇《哈佛商業評論》（*Harvard Business Review*）的訪問當中，討論要如何透過敘事技巧說服他人，並且探討如何將敘事技巧運用在商業圈。麥基說，要說服他人有兩個辦法：

　　第一個是傳統的修辭法。商業圈通常會採用列出滿是事實與數據的 PowerPoint 投影片來進行修辭說服。這是個鬥智的過程，但是其中其實有很大的

問題，因為你在試著說服聽眾，但是他們同時也在腦裡跟你爭辯。麥基說：「如果你成功說服了他們，那只是因為你鬥智成功了。這樣做還不夠，因為他們沒有靈感，無法主動採取行動。」（Fryer, 2003）

想想看把《小紅帽》的故事簡化成傳統修辭法會變成什麼樣子。莉比‧司比爾（Libby Spears）的投影片集《小紅帽與 PowerPoint 的到來》（*Little Red Riding Hood and the Day PowerPoint Came to Town*）當中有個相當幽默的版本。以下是我自己的版本，投影片上的重點條列看起來可能會是這個樣子：

- 小紅帽（以下稱為紅女）要從 A 處（家）走 0.54 哩到 B 處（祖母家）
- 紅女碰到大野狼，大野狼先：①跑到了祖母家、②把她吃掉、③穿上她的衣服
- 紅女下午兩點抵達祖母家，問了 3 個問題
- 找出問題：第 3 個問題後，大野狼吃了紅女
- 解決方法：廠商（樵夫）採用工具（斧頭）
- 預期結果：祖母與紅女活了下來，狼死了

縮減成事實之後就沒那麼有趣了吧？

據麥基所說，說服他人的第二個辦法就是透過故事。故事能夠將想法與情緒綁在一塊兒，引起聽眾的注意與活力。說個動聽的故事需要創意，比傳統修辭法困難多了。但是動用你的創意神經絕對值得，因為故事能讓聽眾更投入。

故事究竟是什麼東西？從基礎層面來說，故事表達了生活怎麼改變、如何變化。故事會從平衡狀態展開，接著發生了某些事，讓生活失去平衡。麥基將此描述為「主觀期待與殘酷現實的交叉」。我們在討論戲劇時也討論過相同的張力。造成的掙扎、衝突與懸疑就是故事的重要元素。

麥基接著表示，我們可以透過幾個關鍵問題讓故事成形：我的主角要怎麼做才能恢復生活平衡？核心需求為何？我的主角為何無法達成想做的事？我的主角決定如何行動，以克服阻力，達成自己想做的事？故事成形之後，麥基建議回頭思考：我會相信這故事嗎？會不會太過誇張、掙扎的部分是否太灑狗血？真實性是否足夠？

從麥基身上能學到什麼呢？最重要的就是我們可以用故事勾起聽眾的情緒，事實便辦不到這點。更詳細地說，我們可以利用他所勾勒出的問題找出交流架構所需的故事。稍後將會進一步討論。首先，我們先來看看文字的說故事大師有什麼敘事技巧值得我們學習。

● 文字與敘事

國際紙業（International Paper）曾經在訪問中請教寇特・馮內果（Kurt Vonnegut）（小說《第五號屠宰場》（*Slaughterhouse-Five*）與《冠軍的早餐》（*Breakfast of Champions*）的作者）要如何寫出引人入勝的小說，他給以下建議，是我從他的短篇文章〈風格寫作〉（How to Write With Style）當中擷取出來的（原文簡短易讀又令人收穫良多）：

1. 找出你關心的主題：寫作風格中最吸引人的，就是你對此主題真心的關懷，而非什麼文字遊戲。
2. 但切勿滔滔不絕。
3. 簡單扼要：大師在寫作討論深遠的主題時，用的句子幾乎就像孩童一樣簡單。莎士比亞曾在哈姆雷特裡問道「To be or not to be」（活著或死亡），當中最長的字也才三個字母。

4. 有刪除的勇氣：就算句子寫得再好，如果沒辦法給出嶄新又實用的觀點，那就刪除吧。

5. 做自己：我來自印第安納波利斯，當我做自己，以最自然的口吻寫作時，我的作品最讓我自己信任，也最讓別人信任。

6. 有話直說：如果我打破所有標點規則，按照自己的意思隨便用字，全都一股腦地串在一塊兒，肯定沒人能懂我在説什麼。

7. 同情讀者：我們必須要像一位有同理心和耐心的老師，願意簡化、説明，才能讓讀者看懂。

　　這些建議中也有許多重點可以套用到説故事的脈絡上。簡單扼要、不留情地刪除、表達真誠情感。別逕自説自己想説的內容，而是要將聽眾放在心裡。故事不是為了你而存在的，是要説給他們聽的。

創作故事架構

　　我們在第 1 課中以核心想法、3 分鐘故事和分鏡腳本介紹了敘事的基礎，了解決定順序與流程時需納入哪些考量。我們知道認識聽眾很重要，必須了解聽眾是誰、知道自己想要聽眾有何行動。除此之外，我們還學會了怎麼將溝通內容裡的資料圖表做到完美。現在門面已經打點好了，我們該回頭來照顧故事本身了。故事能把資訊全部綁在一塊兒，替簡報或交流過程建構出框架，讓聽眾得以遵循。

　　或許馮內果也同意亞里斯多德簡單卻意義深遠的觀察：故事包括清晰的開端、中段和結尾。舉例來説，像《小紅帽》的故事就有情節、轉折與結尾的神奇組合。我們可以從 3 幕架構延伸，利用開頭、中段與結尾的概念，來建構出

欲用資料傳達的故事。接下來進行個別分析，討論打造故事時需要考量到什麼特定要點。

怎麼開頭

首先要導入情節，替聽眾建構脈絡。把這當作是第一幕吧。在此階段，我們要鋪好故事所有的必要元素：布局、主要角色、未解決的情況以及欲得到的結果，先讓大家都對背景有了共同的了解後，故事才能繼續。記得要引起觀眾的興趣，回答他們可能有的問題：我為什麼應該注意？我能得到什麼好處？克里夫·阿特金森（Cliff Atkinson）於著作《*Beyond Bullet Points*》❶ 中寫道，要為故事奠基，可以考慮回答以下幾個問題：

1. 布局：故事的時間與地點是？
2. 主要角色：是誰在推動故事前進？（應該為聽眾著想！）
3. 失衡：重要性何在？什麼東西變了？
4. 平衡：你想看到什麼結果？
5. 解決：你要如何帶來改變？

以上問題跟麥基所說的相當相似。

失衡／平衡／解決的概念可以看成交流內容中的問題與建議解決辦法。如果你心想：「但我沒有什麼問題啊！」你最好再重新思考一遍。如先前所討論，衝突與戲劇張力是故事的關鍵要素。四平八穩、預料之中的故事沒那麼有趣，

---

❶ 克里夫·阿特金森在三幕架構的基礎之上，使用了 PowerPoint 來說故事。他的著作《*Beyond Bullet Points*》介紹了故事樣版，並且提出實用建議，協助使用者用 PowerPoint 在簡報中說故事。欲知詳情、取得相關資源，可至 beyondbulletpoints.com。

無法吸睛也無法引人行動。把衝突與張力、失衡與平衡、或是你著眼的問題看作説故事的工具，幫助你引起聽眾注意。從他們（你的聽眾）可能會碰上的問題出發，做為訴説故事的觀點，聽眾便會馬上意識到自己也能從解決辦法中獲利。南西・杜爾特將此張力稱為「實際與可能的衝突」。任何東西都有故事。如果故事值得與他人交流，就值得你投入時間把資料化為故事。

中段

設好舞台之後，溝通內容的主體便發展成「可能」的內容，目標是要説服聽眾有行動的必要。在故事的這一階段，要留住聽眾的注意力，就必須説明如何解決你所提到的問題。你必須説服他們，讓他們知道為何應該接受你所提出的解決辦法，或者按照你的意思行動。

詳細內容將會依情境而有所不同。創造故事結構、説服聽眾時，可以參考以下的可能內容清單：

- 介紹相關背景，進一步解釋情境或問題
- 結合外部脈絡或比較基礎
- 提供例子闡明議題
- 納入能顯示問題的資料
- 説明不採取行動或不改變的下場
- 討論解決問題的可能選項
- 説明你建議的方法好處為何
- 闡明你的聽眾立場何在、為何需做出決定或行動

思考該納入什麼溝通內容時，記得要將聽眾擺在第一順位。想想看有什麼

東西能夠引起共鳴、激勵聽眾。舉例來說，你的聽眾是否有想賺錢、打敗競爭對手、增加市占率、節約資源、刪減開銷、創新發展、學習技術或其他目的？如果你可以找出聽眾有何動力，那就從這個角度出發改寫你的故事與行動需求。另外也要想想看資料能否讓故事更站得住腳、在何時使用才恰當，並且依此結合兩者。交流過程所提供的資訊一定要針對你的聽眾，與他們有切身相關。畢竟故事的主角應該是你的聽眾，而非你自己。

idea　從大標題著手

　　在安排整體簡報或溝通內容的流程時，有個策略是先打造出大標題。回想我們第 1 課討論過的分鏡腳本。在每張便利貼寫下一個大標題。前後對調順序看看，以邏輯分明的方式連結每一個概念，建構出清晰流程。這種架構能確保聽眾有個合理的處理順序可以參照。將大標題寫成簡報的標題或書面報告中的段落標題。

● **結尾**

　　最後，故事總要有個結尾。以行動呼籲來做結尾吧！清楚明瞭地告訴聽眾，你希望他們有了這些體悟或知識後，能夠有何行動。前後呼應是個很典型的故事收尾方式。在故事的一開始，我們會先建構情節、導入戲劇張力。收尾時，你可以考慮重述這個問題以及解決此問題所需要的行動，並且再次強調其必要性，讓聽眾隨時準備馬上行動。

　　提到說故事的順序，另一個重要考量就是敘事結構，也就是我們下一段的討論主題。

安排敘事結構

溝通內容要成功，就必須要有敘事作為核心。敘事可能是以口語或書面的文字、或者兩者交錯組成，透過這些文字以合理的順序訴說故事，並且說服聽眾為何重要、有趣、值得花時間注意。

做得再漂亮的視覺圖表，如果沒有搭配強而有力的敘事，也有變得平淡無奇的風險。

你可能也聽過一場投影片索然無味、但內容精彩充實的簡報。熟練的講者可以克服材料帶來的不足。敘事結構夠穩固，就可以彌補不理想的圖表。此處並不是說你不該花時間補強資料圖表與視覺溝通內容，而是強調不該輕忽紮實敘事的說服力和重要性。效率佳的圖表若能結合紮實敘事，便能達到資料交流的最佳境界。

以下來討論故事順序，以及口語和書面敘事的差異吧。

● 敘事流暢度：故事順序

考慮看看你想要聽眾以怎樣的順序體驗你的故事吧。聽眾是否時間緊湊，希望你直說對他們有何期望？或者你面對的是一群素未謀面的聽眾，需要建立起你的可信度？他們在乎過程嗎？還是只想聽答案？這是需要聽眾有所貢獻的合作流程嗎？你想請他們做出什麼決定或採取什麼行動嗎？怎麼做最能說服他們照你的意思行動？這些問題的答案能幫助你判斷，在你所面對的情境下，哪種敘事流程能達到最高成效。

此處有項要點需特別注意，就是故事一定要有其順序。在聽眾面前擺出一堆數字與文字，但卻毫無章法、無法建構出任何意義的話，就毫無用處。要讓聽眾理解簡報或交流內容，就必須藉由口語與書面文字帶領他們走過敘事流

程。你應該要一眼就能看出這條路怎麼走，否則你絕對無法清楚把故事傳達給聽眾。

幫我寫故事！

有客戶拿著投影片來找我幫忙時，我通常會先請他們把投影片放一旁。我會帶著他們進行第 1 課提到的核心想法與 3 分鐘故事練習。為什麼？開始打造溝通內容前，必須對於自己想傳遞的東西有紮實的了解。一旦能清楚說出核心想法與 3 分鐘故事，就可以開始思考要如何安排投影片順序，才能有最佳的敘事流暢度。

要安排敘事流程，你可以這麼做：在第一張投影片中列出故事的要點。這麼一來，聽眾在簡報剛開始時就能清楚看到摘要，「今天會談到的內容如下」。接著，按照同樣的流程安排剩下的投影片。最後，簡報尾聲再重複一遍（「今天談到的內容包括」），並且強調你需要聽眾採取什麼行動或做出什麼決定。這麼做能夠幫助你建構簡報的架構，並讓觀眾一目瞭然。另外，重複內容還能在聽眾腦裡留下深刻印象。

安排故事的其中一個方法就是**按照時間順序**，這種方法通常也是第一時間自然會想到的方法。舉例來說，整體的分析流程大概會如下：找出問題、蒐集資料進一步了解問題、分析資料（以不同角度看資料，加入其他要素看看是否會有影響……等）、歸納出發現或解決辦法、依此產生建議行動。要將內容傳達給聽眾的辦法之一就是帶聽眾走同一條路，讓他們體驗相同的流程。若你需要在聽眾心中建立信任，或知道聽眾注重流程，這個方法便相當管用。但按照順序並非唯一的選擇。

另一個策略是**以結尾開頭**。從行動呼籲開始：直接告訴你需要聽眾知道什麼、有何行動。接下來，再回頭提出支持故事的關鍵要點。如果聽眾對你有一

定的信任感，如果你知道他們較不注重過程，而較注重結果的話，這種方式會比較適合。以行動呼籲開頭的另一個好處，就是能讓觀眾馬上知道自己應該扮演什麼角色、在聽簡報或交流時應該用哪個角度來看、以及為什麼自己需要繼續聽下去。

若要讓敘事流暢清楚，我們就應該考慮哪些故事元素適合以書面方式呈現、哪些適合以口語呈現。

● 口語與書面敘事

無論正式程度為何，是正式地站在房間前面，或輕鬆地坐在桌邊，只要是簡報，就一定會有一大部分的敘事會以口語呈現。若是電子郵件或報告，敘事很可能完全以書寫呈現。每種形式都有其優點和挑戰。

現場簡報的好處是可以利用說出的話強調螢幕或頁面上的文字。這麼做的話，你的聽眾便能夠用眼睛看到、又用耳朵聽到他們須知道的資訊，再三強化資訊內容。你可以使用口語補充的方式清楚點出每張圖片的要點，讓聽眾感受到切身重要性，並將不同概念連結在一起。若有需要，你可以回應問題並澄清概念。現場簡報的挑戰之一，就是要確保投影片上的重要訊息不會太過密集，讓聽眾來不及吸收，因而無法專心聽你說話。

另一項挑戰就是聽眾可能會有意料之外的反應。他們可能會問出離題的問題、提前談到簡報後面才會出現的要點、或者做出其他舉動讓你偏離軌道。因此，明白說出對聽眾的要求以及簡報結構相當重要，尤其在現場簡報的情況下。舉例來說，如果你碰上可能離題發問的聽眾，可以一開始就先說「我知道你們一定會有很多問題。請先將問題寫下來，我在最後會留時間一一回答。但首先，先來看看我們的團隊是怎麼得到這個結論，並依此對各位做出今天的要求。」

在此舉另一個例子，如果你打算打破常規、用結論作為開頭，那就清楚明白地告訴聽眾吧。你可以這麼說「今天我打算先從對各位的要求說起。本團隊運用紮實的分析資料得到了如此的結論，而我們衡量了數個不同選項。我會詳細說明給大家聽，但在那之前，我想先明說今天對各位的期望，那就是……」讓聽眾了解你的簡報架構，可以讓你和聽眾都感覺更加自在。聽眾能夠先心裡有個底，也能清楚知道自己應該扮演怎樣的角色。

書面報告（或單純以書面形式流傳、或簡報後作為提醒用講義的投影片）無法使用聲音將不同段落或投影片連結在一塊兒，因此必須自行想辦法補足。書面敘事便能達到這點。想想看有哪些文字非出現不可。要是投影片溝通時你無法在場解釋，那麼一定要清楚寫出每張投影片或段落的要點。你可能也有過以下的負面經驗：你在看簡報時，碰上了一張充滿條列事實的投影片、或是塞滿數字的圖表，你可能會想「我不知道這張投影片究竟要告訴我什麼。」千萬別讓自己的心血淪落於此：記得要寫上足夠的文字，清楚傳達你的重點，讓聽眾感受到切身重要性。

在這種情況之下，向不熟悉主題的人尋求意見回饋特別有用。這麼做能夠幫助你得知是否不夠清晰或流暢，另外還能知道聽眾可能會有什麼問題，好讓你主動回答。書面報告有另一優點，如果你的結構夠清楚的話，聽眾可以直接閱讀他們有興趣的部分。

在建構敘事結構與流暢度時，另一個敘事策略就是運用重複的力量。

重複的力量

回想看看《小紅帽》，我之所以會記得這個故事就是因為重複的力量。這個故事我小時候聽過、讀過無數次。如第 4 課所述，重要資訊會從短期記憶慢

慢轉換成長期記憶。資訊重複越多次、使用越多次，就越可能進入長期記憶區，被記在腦海裡。這就是《小紅帽》故事至今還留在我腦海裡的原因。我們在訴說故事時同樣也可以使用這種重複的力量。

使用重複音效

「如果你可以輕鬆回想、重複並傳達你的訊息，你就達到了傳遞訊息的目的」。南西‧杜爾特建議，若要讓這流程更加迅速，可以利用重複的音效；也就是簡短、清楚又琅琅上口的短語。欲知詳情請見她的著作《視覺溝通的法則》。

　　既然說到了重複的力量，我們就來看看一個叫做「乒、乓、砰」（Bing, Bang, Bongo）的概念吧。我的中學英語老師在教作文時帶我們認識了這個概念。或許是因為我的老師利用了「乒、乓、砰」這個名稱達成重複音效的效果，這個概念深植在我腦裡，甚至在用資料說故事時也派上了用場。

　　這個概念的核心是一開始就要告訴聽眾你要說些什麼東西（「乒」，也就是作文裡的介紹段落）。接著告訴他們內容（「乓」，實際的作文內容）。最後再摘要剛剛說的內容（「砰」，也就是結論）。將此概念套用在簡報或報告上，你可以以執行摘要開頭，大致向聽眾介紹今天會談到的內容，接著提供細節或簡報主體內容，最後再用摘要的投影片或段落複習剛剛講過的要點（圖 7.1）。

圖7.1　乒、乓、砰

　　若你的工作是進行準備、上台簡報或撰寫報告，你可能會覺得這麼做多此一舉，畢竟你已經很熟悉內容了。但是聽眾並沒這麼熟悉內容，這麼做能夠能讓他們倍感親切。先讓他們對於內容有個底，接著提供細節，最後再回顧一遍。如此重複有助於將內容烙印在記憶裡。聽眾從頭到尾總共聽過三次你的訊息，現在他們應該能從你剛剛說的故事中了解自己應該知道什麼、有何行動。

　　協助清楚表達故事的策略不只有「乒、乓、砰」一種，我們來看看其他策略吧。

將故事說清楚的技巧

　　我在工作坊的課程裡頭，經常會討論到幾個能夠協助將故事傳達給聽眾的技巧。這些概念主要適用於投影片之上。雖然情況各異，但是我發現許多公司在交流分析結果、發現與建議時皆會採用投影片的形式。稍後討論到的概念當中，部分也可應用在書面報告與其他形式上。

　　以下來討論能讓簡報故事清晰明瞭的四個技巧：水平邏輯、垂直邏輯、回推分鏡與全新觀點。

● 水平邏輯

水平邏輯概念的中心想法是，即便只閱讀每張投影片的標題，還是能夠了解整個故事的雛形。要達到這點，就必須使用行動式標題（而非敘述式標題）。

其中一項策略就是先擺上一張執行摘要的投影片，按照順序條列出後面每張投影片的標題（圖 7.2）。先為簡報鋪好背景，觀眾的心裡便能有個底，以便接下來進入細節（回想先前討論過的乒、乓、砰策略吧）。

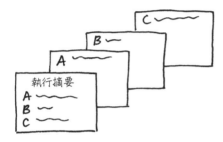

圖7.2　水平邏輯

水平邏輯有助於檢查你想說的故事能否透過投影片清楚傳達。

● 垂直邏輯

垂直邏輯指同一張投影片上的所有資訊都能彼此呼應強調。內容能夠呼應標題，標題也能呼應內容。文字能夠呼應圖表，圖表也能呼應內容（圖 7.3）。投影片上不會有任何多餘或無關資訊。在大半情況之下，決定要移除什麼、將什麼放至註解，跟決定要保留什麼東西一樣重要。

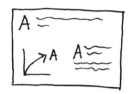

圖7.3　垂直邏輯

並用水平與垂直邏輯技巧，能幫助你將想說的故事清楚傳達給聽眾。

● 回推分鏡

　　剛開始建立交流內容、製作分鏡時，其實你便是在為自己想說的故事畫出
輪廓。如其名，回推分鏡技巧的意思就是從成品往回推。翻閱最後完成的交流
成品，寫下每頁的要點（這麼做也可以檢視溝通內容的水平邏輯）。寫出來的
清單看起來應該要跟故事的分鏡腳本或大綱類似（圖7.4）。如果兩者有出入，
這麼做也可以幫助你了解整體架構裡頭有哪些地方需要增減、調動順序，以打
造出你想傳達的整體流暢度與故事結構。

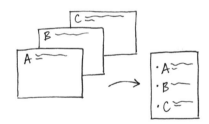

圖7.4　回推分鏡

● 全新觀點

先前也曾提過，找來一雙新眼睛，從觀眾的角度看圖表，在資料視覺化領域能帶來偌大的價值（圖 7.5）。在準備整體簡報時尋求這類的回饋，也會有相當大的幫助。溝通內容製作完成之後，拿給朋友或同事看看吧，對方不清楚任何脈絡也沒有關係（其實對方最好不了解脈絡，這樣一來對方的立足點更接近觀眾，畢竟觀眾不像你一樣了解此主題）。詢問他們注意到哪些元素、認為哪些元素重要、哪邊會讓他們產生問題。這麼做能夠讓你知道你完成的交流內容能否清楚表達你想說的故事，若無法，也可以協助你找出該加強重複何處。

圖 7.5　新鮮觀點

總的來說，新鮮觀點對資料交流大有幫助。我們太過熟悉主題的話，便無法後退一步，從觀眾的角度來看自己所做出的成品（無論是單張圖表或整份簡報）。但是，這並不代表你沒有其他變通辦法。找來朋友或同事，替你提供新鮮觀點，確保交流內容能達到你想要的目的。

第 7 課重點整理

故事具有魔力，能夠引人入勝、以事實辦不到的方式烙印在我們心裡。故事提供了架構，那何不在製作交流內容時善用呢？

　　在建構故事時，應該要具備開頭（情節）、中段（轉折）、與結尾（行動呼籲）。衝突和張力是吸引聽眾目光、留住聽眾注意力的關鍵。故事的另一個核心元素就是敘事，需從順序（按照時間順序或以結尾開始）以及形式（口語、書面或兩者結合）兩個層面來考慮。我們可以利用重複的力量讓聽眾記住我們的故事。另外也可以應用水平與垂直邏輯、回推分鏡與尋求全新觀點等技巧，來確保交流內容能清楚傳達我們想說的故事。

　　每個故事的主要角色應該都要相同：也就是我們的聽眾。讓觀眾當主角，我們才能確保整個故事與觀眾息息相關，而非圍繞著講者自己打轉。讓欲呈現的資料與聽眾切身相關，資料便能成為我們的著力點。這麼一來，你不僅僅是在展示資料，而是在用資料說故事。

　　以上就是最後一堂課程的內容，現在各位已經學會如何說故事了。

　　接下來，我們來看個實例，看看用資料說故事到底是怎麼一回事吧。

第8課

動手改造
爛圖表

前7課學習的技巧，可以協助你從頭到尾檢視每個圖表夠不夠簡
單易懂，不夠好的話，開始動手改造吧！

 你可以學到這些

 實戰運用前7堂課的重點

 把自說自話的爛圖表改成有故事力的好圖表

目前為止的章節皆在分別討論各個課程內容，只要整合得當，你就能踏上視覺化與資料交流的勝利之路。我們回顧一下，目前為止的課程重點包括：

1. 理解脈絡（第 1 課）
2. 選擇適當的呈現方式（第 2 課）
3. 去蕪存菁（第 3 課）
4. 集中聽眾目光（第 4 課）
5. 套入設計師思維（第 5 課）
6. 訴說故事（第 7 課）

本章當中，我們將會用一個實例來從頭檢視用資料說故事的完整流程，並實際應用每一章節的課程內容。

首先來看看圖 8.1，該圖繪出了五種消費性產品（A、B、C、D、E）平均零售價的時間變化。花點時間研讀這張圖吧。

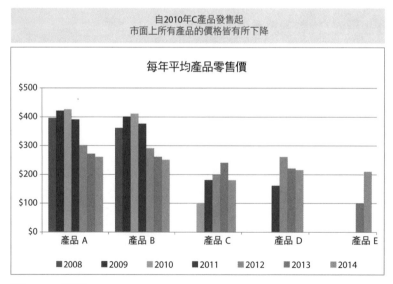

圖 8.1　原圖

這張圖有許多顯而易見的毛病，不過，在討論繪製圖 8.1 資料的最佳方法前，我們先後退一步，討論一下脈絡吧。

練習①理解脈絡

需要繪製圖表時，第一步是要徹底了解脈絡與需交流的資料。我們要找出特定的聽眾族群為何、他們需要知道什麼、有何行動，才能決定用什麼資料最有幫助。我們應該要先建立出核心想法。

假設我們在一間新創公司工作，公司剛開發出一款消費性產品，正要開始為產品訂價格。決策過程中的一項考量便是市面上競爭產品的零售價時間變化，這便是此處討論的重點。原版圖表有一項觀察或許很重要：「自 2010 年 C 產品發售起，市面上所有產品的價格皆下降。」

我們先暫停一下，來想想看這裡的對象、內容與方法為何：

對象：產品部的副總，產品價格訂定的主要決策者。

內容：理解競爭產品價格過去的變化，並建議售價範圍。

方法：呈現 A、B、C、D 與 E 產品平均零售價的時間變化。

核心想法可能如下：從市面定價過去的變化分析來看，若要有競爭力，建議將產品的零售價訂於 ABC 至 XYZ 元之間。

接下來，來看看還有什麼辦法能繪製這組資料吧。

練習②選擇適當的呈現方式

確定該呈現什麼資料之後，接下來就必須判斷最佳繪製方式為何。此例當中，我們最感興趣的就是每項產品價格的時間變化。回頭看圖 8.1，長條的五顏

六色讓我們分了心，增加了閱讀的困難度。請各位拿出耐心，因為接下來我們得不斷重複看這組資料，不過過程肯定會獲益良多，可以明顯看出用不同觀點檢視資料能改變目光集中的焦點以及觀察到的現象。

　　首先，我們先拿掉圖表當中令人眼花撩亂的色彩，看看剩下的圖，如圖8.2。

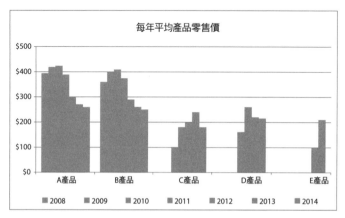

圖8.2　移除原本的五顏六色

　　我相信一定不只有我覺得手癢，想繼續移除其他雜訊。碰到這種情況時，我老是得克制自己的衝動。我們先耐心等候一下，等到下一小節再一併討論。

　　原本的標題強調了 C 產品 2010 年發售之後的變化，那我們就先強調相關資料，讓這一點更容易被注意到吧。請見圖 8.3。

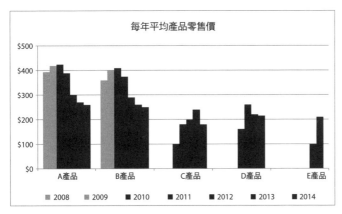

圖8.3　強調2010年起的資料

　　從此張圖表可明顯看出，A與B產品的平均零售價的確在期間內下降，但是該時間點之後發售的產品似乎不是這麼一回事。若要將故事說得完整，就必須改寫原圖中的標題。

　　此處的重點在於時間變化，那麼各位可能會心想，折線圖比長條圖更為適合─你想的絕對沒錯。將長條圖改成折線圖可以移除看起來太過刻意的階梯造型。來看看在相同配置之下，折線圖會長成什麼樣子吧。請見圖8.4。

圖8.4　改用折線圖

　　圖 8.4 可以讓每個產品各自的時間變化更加一目瞭然。但是，我們很難比較同一時間點不同產品的價格。將所有折線畫至同一條 X 座標軸上便能解決這點，另外還可以移除雜訊與重複的年份標籤。成品可能會類似圖 8.5。

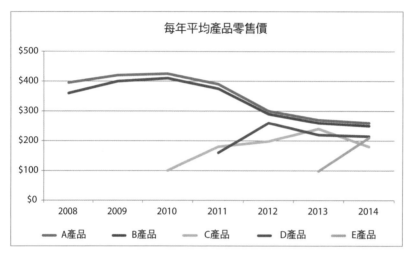

圖8.5　用同張折線圖呈現所有產品資料

　　將圖表的版面配置重新洗牌後，Excel 重新加上我們當初移除的色彩（將資料連結至底部的對應圖例）。我們暫時別管色彩，先考慮看看以這種觀點來看資料能否符合我們的需求。我們最初的目的是要了解競爭產品的價格隨著時間有何變化。圖 8.5 呈現資料的方式讓聽眾更能輕鬆閱讀。若進一步消除雜訊、集中聽眾的注意力，我們便能讓這些資訊更容易吸收。

練習③移除雜訊

圖 8.5 是仰賴製圖軟體（Excel）預設設定的結果。只要進行以下幾項變動，我們就能改善這張圖：

- 淡化圖表標題：標題絕不可少，但並不需要以粗體黑字特別強調。
- 移除圖表邊界與格線：這兩者占了不少空間，但又不能提供實質價值。別讓不必要的元素搶了資料鋒頭！
- 讓 X 與 Y 座標軸的線條和標籤成為背景：將它們改成灰色，才不會與資料爭奪目光。修改 X 座標軸的刻度記號，與資料點對齊。
- 移除不同線條的色彩變化：我們可以善用策略、更有效率地應用色彩，稍後將會進一步討論。
- 直接標上線條標籤：避免在圖例與資料之間來回閱讀的麻煩，一眼就能看懂資料的意義。

圖 8.6 為修改過後的圖表。

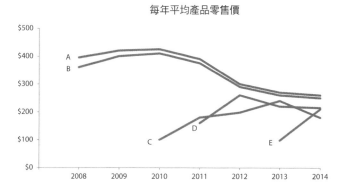

圖 8.6　移除雜訊

接下來，我們來探討該如何集中聽眾的注意力吧。

練習④集中聽眾的注意力

從圖 8.6 的觀點來看，便能更輕鬆地了解時間變化、進行評論。一起來想想看該如何善用策略、利用前注意特徵，將聽眾的注意力集中在資料的不同部分上吧。

思考一下最初的標題：「自 2010 年 C 產品發售起，市面上所有產品的價格皆下降。」仔細檢視資料過後，我大概會將此觀察修正如下：「自 2010 年 C 產品發售起，現有產品的平均零售價下降。」圖 8.7 示範該如何善用顏色策略，將資料的重點與文字連結在一塊。

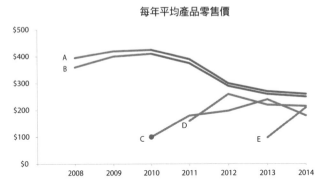

圖8.7　集中聽眾的注意力

除了圖 8.7 的彩色線段外，圖中也另外加入資料點標記，以讓聽眾注意到 2010 年 C 產品的引進。此資料點使用了相同色彩，好與 A、B 產品後續的價格下降產生連結。

更動 Excel 中同張圖表裡的元素

　　通常同一組資料數列都會使用相同格式處理（全使用折線或長條）。不過，有時讓特定資料點採用不同格式，也能發揮相當的功用，像是吸引目光到特定部分，如圖 8.7、8.8 與 8.9。若想更改格式，先點擊資料數列一次選取，接著再點擊一次選取該資料點。接著點擊右鍵，選擇「資料點格式」，開啟選單更改特定資料點格式（如改變顏色或增加資料標記）。每個要修改的資料點都需重複此流程。這個手續雖然耗時，但是完成的圖表能讓聽眾更輕鬆理解，絕對有收穫！

　　我們可以採用同樣的觀點與策略來集中討論另一項發現，而此發現說不定更有意思、更值得注意：「在此領域發售的新產品，平均零售價經常最初先上漲，再降低。」請見圖 8.8。

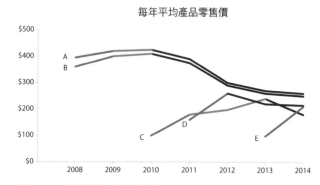

圖 8.8　重導聽眾的注意力

另一項發現可能也值得注意：「2014 年度，所有產品的零售價趨向一致，平均零售價為 223 元，最低 180 元（C）、最高 260 元（A）。」圖 8.9 使用了色彩與資料標記來將注意力導向特定資料點，以支持此項發現。

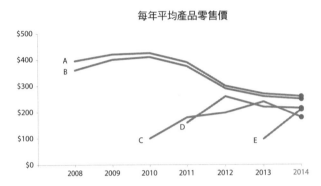

圖 8.9　再次重導聽眾的注意力

　　資料觀點各有不同，使用前注意特徵能讓你清楚看見個別要點。使用此策略，便能強調、說明同一故事的不同樣貌。

　　繼續考慮要怎麼說故事才能達到最佳效果前，我們先套進設計師的思維，把圖表做到完美吧。

練習⑤設計師思維

　　雖然你可能沒注意到，但其實先前的流程已經有了設計師思維的影子。形隨功能而生：我們選擇了適當的視覺呈現方式（形式），以便讓聽眾照我們的需求行動（功能）。為了改善視覺功能可見性，讓聽眾知道怎麼使用這張圖，我們目前為止已經移除了雜訊、淡化部分圖表元素，讓部分元素更加吸睛。

利用第 5 課的易用性與美感效果概念，我們可以進一步改善這張圖。我們可以：

- 用文字讓此圖易懂易用：我們可以簡化圖表標題的文字，讓聽眾更容易理解、更快速閱讀。另外，垂直與水平座標軸也需加上座標軸標題。
- 對齊元素、改善美感：原本的圖表標題使用置中對齊，空蕩蕩地掛在上頭，並沒有對齊任何其他元素；此處應該讓圖表標題朝左上方對齊較佳。將 Y 軸標題垂直對齊最上方的標籤，將 X 軸標題水平對齊最左方的標籤。這麼做可以讓線條更加俐落，還能確保聽眾在看到實際資料前、就知道該如何詮釋。

圖 8.10 為更改過後的圖表樣貌。

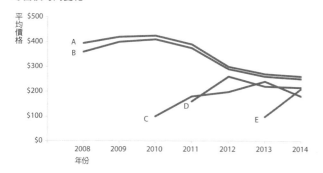

零售價時間變化

圖 8.10　簡化標題、增加文字、對齊元素

練習⑥訴說故事

最後，我們要來想想看如何用圖 8.10 的視覺效果為基礎，來帶領聽眾照我們想要的順序來吸收資料中的故事。

想像今天的會議主題是：「競爭分析—價格訂定」，而我們有 5 分鐘的現場簡報時間。以下的順序（圖 8.11 至 8.19）為其中一種用這組資料說故事的方法。

接下來的5分鐘……

我們的目標：

1 理解競爭市場上的價格時間變化。

2 依此資訊決定我們的產品價格。

最後將會提供詳細建議。

圖8.11

A與B產品於2008年推出，定價在360元以上
零售價時間變化
平均價格
$500
$400
$300
$200
$100
$0
A
B
2008
2009
2010
2011
2012
2013
2014
年份

圖8.12

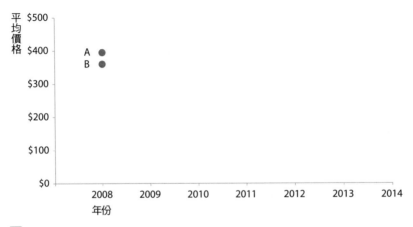

兩者的定價一直以來皆相差不遠，B的價位一向略低於A

零售價時間變化

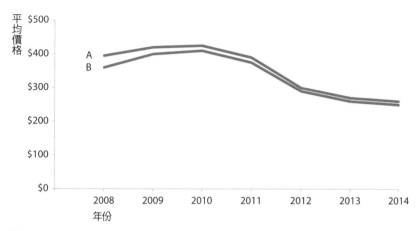

圖8.13

2014年，A與B產品的定價分別為260與250元

零售價時間變化

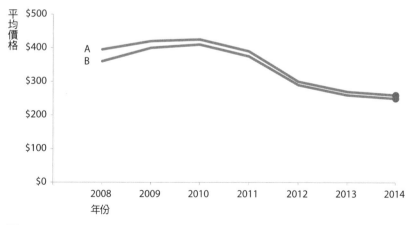

圖8.14

之後分別推出C、D、E產品，價格低上許多…

零售價時間變化

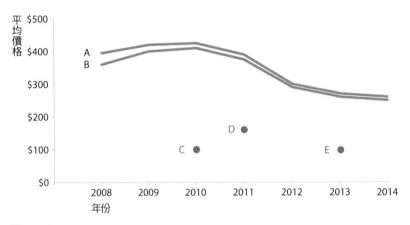

圖 8.15

……但是所有產品推出後價格皆曾上漲

零售價時間變化

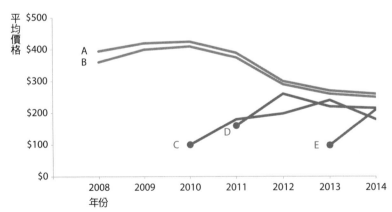

圖 8.16

此領域的新產品推出後，通常價格會先上漲，再隨著時間降低

零售價時間變化

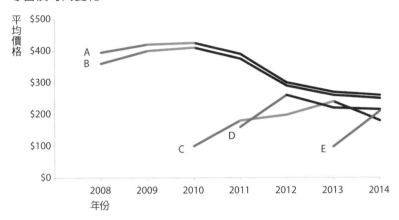

圖8.17

2014年度，零售價趨向一致，平均零售價為223元，最低180元（C）、
最高260元（A）

零售價時間變化

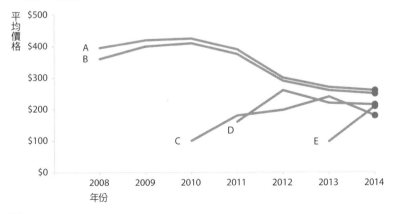

圖8.18

為了讓產品有競爭力，建議產品上市時的定價低於平均223元、介於150至200元間

零售價時間變化

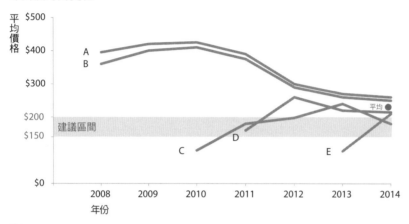

圖 8.19

　　來分析看看上述的敘事順序吧。首先，我們清楚地告訴聽眾今天簡報的架構為何。可以想像現場簡報時，配上的口語說明會在換投影片前鋪下更多基礎：「各位都知道，市面上有五樣產品是我們的主要競爭對手」，接著再按照時間順序介紹這些產品價格的變化。在談到 C、D、E 產品以低於市價的價格個別推出時，便可以堆積張力。價格趨於一致時，便會恢復平衡感。最後再以清晰明瞭的行動呼籲收尾：我們產品的建議定價。

　　不管是僅呈現相關的資料點，或是把其他東西淡化為背景、僅強調相關資料、配上詳細敘事，這些策略皆將聽眾目光導向我們希望他們注意的部分，並且帶領聽眾走過整個故事。

　　此處使用的例子是用單張圖表訴說一個故事。若簡報或交流的主題更廣，需要用上多張圖表，這整套流程和個別的課程內容也適用。若碰上這種情形，

想想看要用什麼樣的故事將所有圖表串連在一起。在涵蓋內容更豐富的簡報中，像剛剛這種單張圖表的個別故事，可以視為更廣泛故事線的次要情節之一。

第8課重點整理

我們透過這個例子，從頭到尾檢視了用資料說故事的流程。我們先從建立紮實的理解脈絡開始，接著選擇恰當的視覺呈現方式，找出雜訊、消除雜訊，利用前注意特徵集中聽眾的注意力，套入設計師思維、增加文字讓圖表平易近人、利用對齊改善美感效果，最後打造出強而有力的敘事架構，說出完整的故事。

請看看圖 8.20 的前後對照比較。

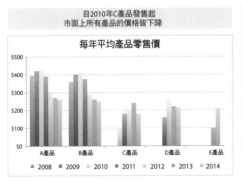

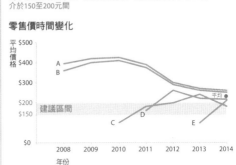

圖 8.20　前後對照

若能適當運用先前學到的課程內容，我們便不僅僅是在單純展示資料，而是在用資料說故事。

第9課

5個改造案例

製作圖表時經常會遇到棘手問題,這堂課有5種常用解決方式供你參考,還有,請記住這條金科玉律:永遠把觀眾的需求放第一位。

 你可以學到這些

☑ 非白底的投影片該如何安排色彩

☑ 何時用動畫、怎麼用才到位

☑ 安排好投影片的播放順序

☑ 麵條圖的替代方案

☑ 圓餅圖的替代方案

　　各位現在對有效率的資料交流應該有了紮實的基礎。在倒數第二堂課中，我們將檢視不同案例，探討不同策略、學習該如何應付常見的資料交流難關。

　　我們會討論的細節包括了：

- 深色背景的色彩安排
- 在視覺元素中使用動畫
- 建立井然有序的邏輯
- 避免麵條圖的策略
- 圓餅圖的替代方案

　　我在討論每個案例時，都會運用先前介紹過的資料交流策略，但是討論內容將會集中於該案例的特定挑戰。

案例①深色背景的色彩安排

　　在交流資料的場合，我通常不建議使用白底之外的背景顏色。我們先來看看一張簡單的圖表在白底、藍底和黑底的情況下會有何差異吧。請見圖 9.1。

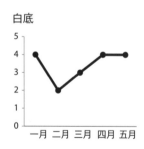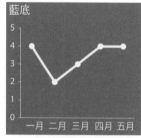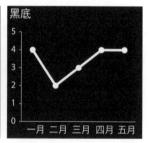

圖 9.1　簡單圖表的白底、藍底與黑底效果

　　若要用一個字描述圖 9.1 的藍底和黑底效果，你會選哪個字？我會用「吃力」。白底的圖表讓我比較容易專心研讀資料。另一方面，深色的背景吸引了我的注意力，讓我的目光從資料上頭移開。深色背景上的淺色元素能製造出較強的對比，但閱讀起來比較辛苦。正因為如此，我不常使用暗色或其他顏色的背景。

　　話雖如此，但是資料交流時不可能每次都盡如理想，肯定會有些意外的考量，例如公司或客戶的品牌形象，以及他們習慣使用的標準樣版。我就曾在一個顧問案中碰上這樣的挑戰。

　　我一開始並沒有意識到這點。一直到我第一次修改好客戶的原版圖表後，我才發現成品跟客戶集團的其他作品不太相符。他們的樣版相當大膽直接，還有漸層的黑底背景，搭配上其他明亮、飽和度高的色彩。相較之下我做的圖似乎有點氣勢不足。圖 9.2 為我一開始改造過的圖表版本，內容為員工意見調查的回饋。

調查結果：X團隊

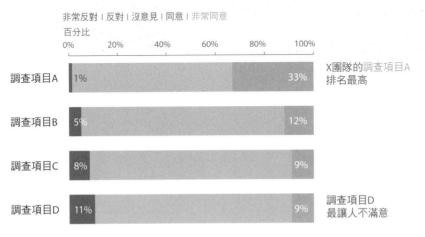

圖9.2　白底的最初改造版本

　　為了打造出更符合客戶品牌的圖表，我利用了其他範例裡使用的黑底背景，再改造一次。為此，我必須將我的思考模式大逆轉。若背景為白底，離白色越遠的顏色越容易凸顯（灰色較不明顯、黑色則非常醒目）。黑底背景的情況也一樣，但是這時黑色成了基線（灰色較不明顯、白色則非常醒目）。另外，我也發現通常在白底下無法使用的顏色（如黃色）在黑底之上非常吸睛（此例當中我並無使用黃色，但我曾在其他地方用過）。

　　圖 9.3 為經過重製、「較符合客戶品牌」的圖表版本。

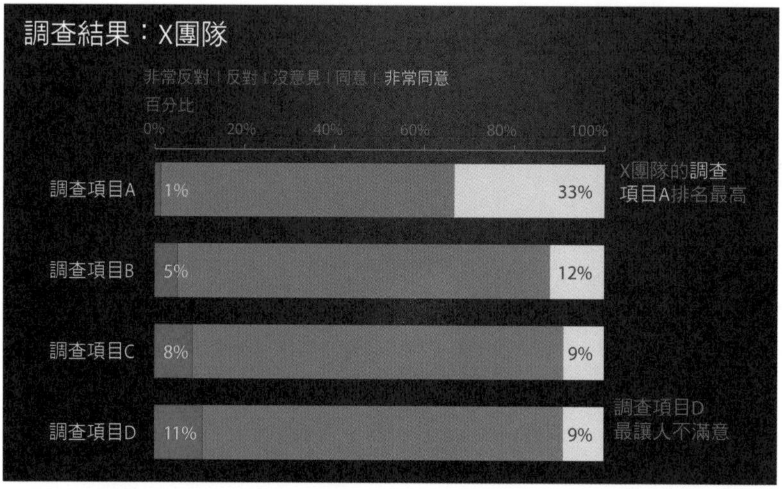

圖9.3　深色背景的重製版本

　　雖然內容一模一樣，但是圖 9.3 所呈現的樣貌跟圖 9.2 截然不同。從這個例子可以明顯看出，顏色能對視覺化圖表的整體風格造成強烈影響。

案例②在視覺元素中使用動畫

　　在資料交流的情況下，經常碰上簡報與書面報告得使用相同資料觀點的困窘情形。現場報告內容時，你要能夠帶著聽眾了解整個故事，集中討論視覺元素中相關的部分。但是，事前預習的資料、講義或是給無法出席的人看的書面報告等等，這些聽眾手上拿到的資料版本都必須要自己訴說故事，畢竟身為講者的你並不在現場帶聽眾閱讀。

　　部分情況下，我們會使用同樣的內容和圖表來滿足這兩種目的。這麼做通常會讓現場簡報的內容太過詳細（尤其投影在大螢幕上時），但有時書面資料又太過粗略。這種需求導致了投影件的興起，也就是簡報與文件的結合，但卻都無法滿足兩邊的需求，我們曾在第 1 課提及這點。接下來，我們將要探討結合動畫與加註折線圖的視覺化策略，以同時滿足簡報與書面資料的需求。

　　在此先想像各位在一間線上社交遊戲公司工作，你想說的故事是一款遊戲（假設名為「月之村」吧）活躍用戶數的成長變化。

　　圖 9.4 可以用來討論遊戲於 2013 年後半發行後的成長。

月之村：活躍用戶數時間變化

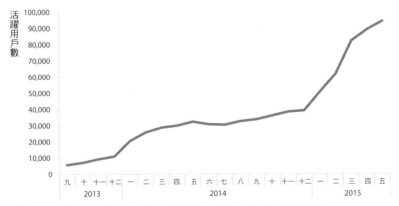

資料來源：ABC 報告。為分析之便，此處將「活躍用戶」定義為30天內登入的獨立用戶數。

圖9.4　原版圖表

　　不過，這裡的挑戰就在於觀眾的眼前一次冒出太多資料，你無法控制他們的注意力。也許你正在講解資料的某一部分，但觀眾卻將目光放在完全不相干的地方。也許你想依照時間順序說故事，但你的聽眾卻馬上注意到 2015 年的邊增情形，開始思考原因。此時，他們的耳朵便聽不進你的聲音。

　　碰到這種情形時，你可以利用動畫來帶聽眾解讀這張圖表，讓他們照你講解的順序循序漸進地閱讀。舉例來說，一開始可以放一張空白圖表。這麼做能強迫聽眾跟你一起先研讀圖表細節，而非直接跳到資料本身、開始詮釋。你可以利用這種方式讓聽眾產生期望，抓住他們的注意力。接下來，我會一一呈現或強調僅與我提到的要點相關的資料，這樣一來聽眾聽講時便能依我的意，將目光放在我要他們注意的地方。

　　若今天做簡報的是我，我可能會按照以下的順序說明、呈現資料：

　　　　今天，我要告訴各位一個成功故事：也就是月之村用戶的時間成長量。首先，先容我說明一下眼前圖表的細節。這張圖的垂直 Y 軸將繪製的是活躍用戶數。我們將會看到用戶數自 2013 年後半發行後至今的變化，水平 X 軸所繪製的則是時間點。（圖 9.5）

月之村：活躍用戶數時間變化

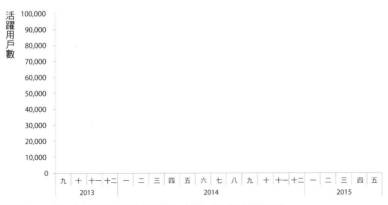

資料來源：ABC 報告。為分析之便，此處將「活躍用戶」定義為30天內登入的獨立用戶數。

圖 9.5

　　月之村於 2013 年九月推出。推出的第一個月底，活躍用戶僅略多於五千人，也就是圖表左下方的大藍點處。（圖 9.6）

月之村：活躍用戶數時間變化

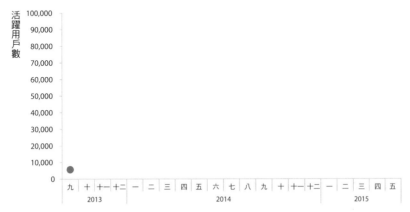

資料來源：ABC 報告。為分析之便，此處將「活躍用戶」定義為30天內登入的獨立用戶數。

圖 9.6

遊戲早期的口碑好壞參半。雖然如此，而且一開始還完全沒有行銷宣傳，但是活躍用戶數在頭四個月內幾乎成長了一倍，於十二月底時逼近一萬一千人。（圖 9.7）

月之村：活躍用戶數時間變化

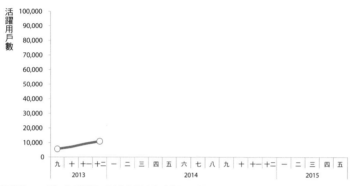

資料來源：ABC 報告。為分析之便，此處將「活躍用戶」定義為30天內登入的獨立用戶數。

圖 9.7

2014 年初，活躍用戶數進一步大幅增加，主要是因為我們此時舉辦了親友宣傳的活動，以提升遊戲知名度。（圖 9.8）

月之村：活躍用戶數時間變化

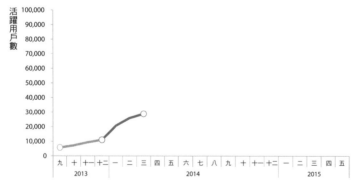

資料來源：ABC 報告。為分析之便，此處將「活躍用戶」定義為30天內登入的獨立用戶數。

圖 9.8

　　2014 年剩下月份的成長幅度緩和了下來，因為我們停下所有行銷活動，投入資源改善遊戲品質。（圖 9.9）

月之村：活躍用戶數時間變化

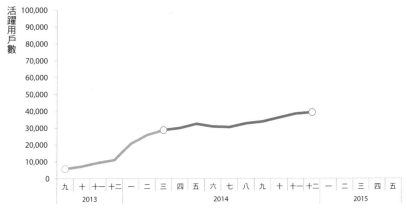

資料來源：ABC 報告。為分析之便，此處將「活躍用戶」定義為30天內登入的獨立用戶數。

圖 9.9

　　不過，今年的突飛猛進超乎了我們的想像，讓我們相當訝異。改良過的遊戲版本大受歡迎。我們與社群媒體管道的合作大成功，持續增加了活躍用戶的基盤。照目前的成長速率看來，我們預測六月時活躍用戶數將會超過十萬人！（圖 9.10）

月之村：活躍用戶數時間變化

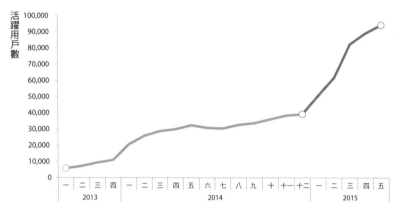

資料來源：ABC 報告。為分析之便，此處將「活躍用戶」定義為30天內登入的獨立用戶數。

圖 9.10

　　若要製作講義或製作報告給錯過你（精彩）簡報的人，你可以使用較為詳盡的版本，在折線圖上直接加註故事要點，如圖 9.11。

月之村：活躍用戶數時間變化

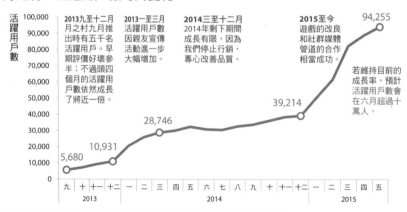

資料來源：ABC 報告。為分析之便，此處將「活躍用戶」定義為30天內登入的獨立用戶數。

圖 9.11

這種打造圖表（在此該說圖表組合）的策略既能滿足現場簡報的需求，又能當作事後流通的書面版本。注意，若要採用此種方式，你就得非常熟悉你的故事，要在不仰賴圖表的情況下也能說得一清二楚（在任何情況下這都是你的目標）。

如果你用的是簡報軟體，你可以將以上流程全放進同一張投影片裡，並用動畫進行現場簡報，讓每張圖片在需要時出現或消失，以達成你想要的順序流程。將加註的最終版本放在第一順位，這樣一來列印出來的投影片上就只會有這個完整的最終版本。這麼做的話，簡報和流通的書面版本就可以使用同一組投影片檔案。若不想這麼做，你也可以將每張圖都放在不同的投影片上，逐一放映；此情況之下，發放的書面版本就只能放加註過的最終版本。

案例③順序的邏輯

呈現資訊的順序應該要有合理的邏輯。

這道理人人都懂，但是，很多事情說起來、聽起來、念起來很合邏輯，做起來卻完全是另一回事。以下就是這樣的一個實例。

雖然上述的開場白在任何狀況下都通用，但此處我採用了較為明確的例子來闡明這個概念：橫條圖中類別資料的順序安排。

首先來介紹一下脈絡。你工作的公司販售一款多功能產品。你最近針對用戶進行了使用者調查，詢問他們是否會用到各種功能，以及他們的滿意度，現在你想要使用這筆資料。一開始的圖表看起來可能會像圖 9.12。

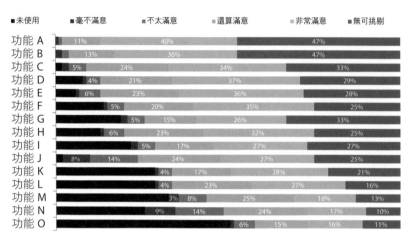

圖9.12　使用者滿意度，原版圖表

　　這是一個真實案例，圖 9.12 是為此目的所繪製出來的圖表，唯一的不同是
特定功能名稱被我改成了功能 A、功能 B 等等。這張圖中其實有順序可循。只
要稍微觀察一下，就可以發現這筆資料是按照「非常滿意」加上「無可挑剔」
的百分比遞減排列（圖表右方的青色與深青色線段）。此舉或許代表這裡是我
們該注意的要點。但是，從色彩安排的角度看來，我的目光反而會首先被吸引
到黑色的「無使用」線段。若我們停下來想想資料的意義，也許最值得注意的
會是令消費者不滿意的區塊。

　　這裡的一個問題在於圖表缺乏故事與結果。我們可以集中探討不同層面，
用這份資料說出好幾個不同故事。先從順序下手，來看看幾個說故事的方法吧。

　　首先，我們可以考慮強調故事好的一面，也就是使用者最滿意的部分。請
見圖 9.13。

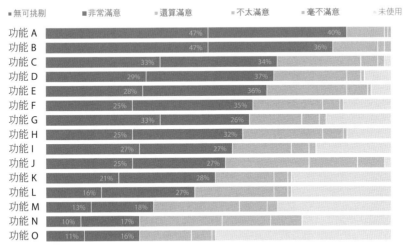

功能A與B的用戶滿意度最高

圖9.13　強調正面故事

　　圖 9.13 中，我按照「無可挑剔」加上「非常滿意」的百分比遞減排列，雖然此作法與原版圖表相同，但此處我使用了其他視覺提示讓這點更明顯（也就是色彩，還有線段圖表排列，這樣聽眾從左看到右時便能馬上看到）。我也在最上方加上了行動標題，使用文字幫忙解釋為什麼你會馬上注意到這裡，並告訴你在這張圖上要看的重點。

　　只要依樣畫葫蘆，使用順序、色彩、位置與文字等技巧，便可以強調這份資料中的不同故事：使用者較不滿意的部分。請見圖 9.14。

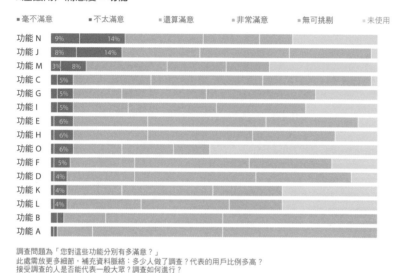

圖 9.14　強調不滿意的部分

又或者這裡真正的故事是沒使用到的功能，可以用像圖 9.15 一樣的方式強調。

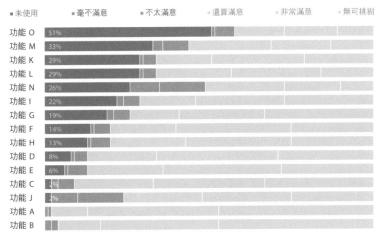

圖9.15 將重點放在未使用的功能

　　圖 9.15 中還是可以看到每條長條中不同程度的滿意度（或不滿意度），但是我使用了色彩選擇將這些資料淡化到第二順位，「未使用」的線段在此才是最明顯的、最該讓聽眾注意的比較重點。

　　若我們想訴說的是上述其中一個故事，我們可以利用順序、色彩、位置和文字來將聽眾的目光導向我們想要的地方，就像剛剛所示範的一樣。不過，如果我們三個故事全都想說，我會建議採用一個稍微不同的辦法。

　　先讓聽眾看熟資料後又重新排列，會讓人感覺不太好，產生心理負擔，跟第 3 課中提到的不必要認知負擔相同，我們需要盡可能避免。我們先打造出一張視覺圖表基底，並保留相同順序，這樣一來聽眾就只需要熟悉細節一次即可，

接著我們只要善用色彩策略便可以逐一訴說不同的故事。

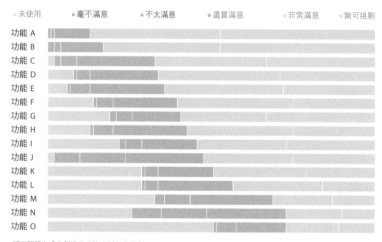

圖9.16　設置圖表基底

　　圖 9.16 是我們的圖表基底，沒有任何強調。如果要將這張圖拿給聽眾看，就會先用此版本來介紹圖表的基礎：調查問題為「您對這些功能分別有多滿意？」，右方為正面回答的「無可挑剔」，逐漸往左遞減到「毫不滿意」，最後最左邊則是「未使用」（一般很容易將右邊聯想至正面，將左邊聯想至負面）。接著我會依序說出想說的故事。

首先，我會按照先前提到的順序，強調用戶最滿意的功能。在此版本當中，我使用了不同亮度的藍色，不只讓聽眾注意到滿意的用戶，還特別強調了線段排行最高的功能 A 與 B，使用視覺效果將這些線段與文字連結，證明我的論點。請見圖 9.17。

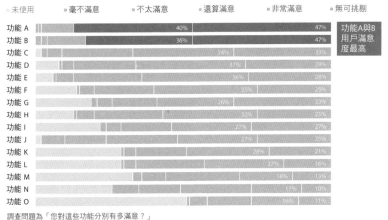

圖 9.17　滿意度

接下來將焦點轉移到光譜的另一端，看看用戶最不滿意的功能，再次加入行動呼籲，強調特定相關要點。請見圖 9.18。

不同功能的用戶滿意度差異甚大

X產品用戶滿意度：功能

未使用　毫不滿意　不太滿意　還算滿意　非常滿意　無可挑剔

| 功能 A |
| 功能 B |
| 功能 C |
| 功能 D |
| 功能 E |
| 功能 F |
| 功能 G |
| 功能 H |
| 功能 I |
| 功能 J |
| 功能 K |
| 功能 L |
| 功能 M |
| 功能 N |
| 功能 O |

用戶最不滿意功能J與K；我們可以怎樣改善，以讓用戶更加滿意？

調查問題為「您對這些功能分別有多滿意？」
此處需放更多細節，補充資料脈絡：多少人做了調查？代表的用戶比例多高？
接受調查的人是否能代表一般大眾？調查如何進行？

圖9.18　不滿意度

　　圖9.18的相對排名順序不如遞減安排時（圖9.14）清晰易懂，因為這段資料並沒有統一置左或置右對齊的基線。不過我們還是可以迅速看到不滿意的區塊（功能J與N），因為面積比其他區塊大，又用了色彩強調。除此之外，我還加入了對話方塊，透過文字強調此要點。

　　最後，我們可以在保留同樣順序的情況之下，將聽眾的目光導向未使用的功能。請見圖9.19。

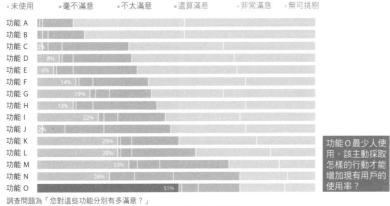

不同功能的用戶滿意度差異甚大

X產品用戶滿意度：功能

調查問題為「您對這些功能分別有多滿意？」
此處需放更多細節，補充資料脈絡：多少人做了調查？代表的用戶比例多高？
接受調查的人是否能代表一般大眾？調查如何進行？

圖9.19　未使用功能

　　圖 9.19 的排名順序比較容易閱讀（即便類別並未從上而下單調遞增），因
為線段向圖表左方的基線統一對齊。此處，我們主要是希望聽眾注意到圖表最
底部的功能 O。因為我們想保留現有的順序，無法將功能 O 擺到圖表最上方（聽
眾最先看到的地方），所以使用搶眼的色彩與對話方塊將聽眾目光吸引到圖表
底部。

　　上方的觀點是我會在現場簡報中使用的排序。策略性斟酌使用顏色能讓我
將聽眾目光逐一導向不同的資料要點。如果你要製作的是要直接交給聽眾的書
面文件，你可以將所有觀點壓縮至同一張集大成的圖表當中，如圖 9.20。

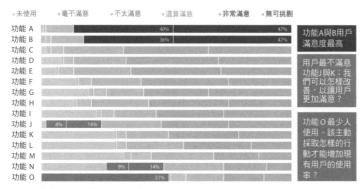

不同功能的用戶滿意度差異甚大

X產品用戶滿意度：功能

調查問題為「您對這些功能分別有多滿意？」
此處需放更多細節，補充資料脈絡：多少人做了調查？代表的用戶比例多高？
接受調查的人是否能代表一般大眾？調查如何進行？

圖9.20　集大成的視覺元素

　　在處理圖 9.20 時，我的眼睛會以「之」字型掃過頁面。首先，我會看到圖表標題上加粗的「功能」兩字。接著我的目光被吸引到深藍色的橫條，看到旁邊的深藍色文字方塊，告訴我這些資料有何值得注意的要點（因案例需保留匿名，所以此處使用的文字多為描述性；理想情況之下此空間應該可以提供更深入的觀點）。接下來，我會看到橘色的文字方塊，之後往左回頭看圖表當中的支持證據。最後我會看到圖表最下方強調的青色橫條，並往右看到描述該資料的文字。色彩使用的策略讓各組資料有所區別，同時也指明文字描述的是哪些特定資料。

　　圖 9.20 較難讓聽眾以此資料推論出其他結論，因為注意力大多集中在我想強調的特定要點之上。不過，就如同先前再三強調的，若有溝通交流的需求，

就應該要有你想強調的特定故事或重點，而不該讓聽眾自己推斷出結論。圖 9.20 的資訊密度對現場簡報來說太過密集，但是很適合放在流通的書面資料上。

　　我先前也曾經提過這點，但是此處要再強調一次：部分情況之下，你想呈現的資料有其順理成章的順序（排序類別）。舉例來說，若類別非功能，而是年齡範圍（0-9、10-10、20-29 等等），你就應該按照數字順序保留這些類別。這麼做能為聽眾提供重要架構，以用來詮釋資訊。這種情況之下，請使用其他吸睛的辦法（顏色、位置、對話方塊的文字）來將聽眾的注意力導至你想要的地方。

　　總而言之：你所呈現的資料順序應該要有合理的邏輯。

案例④避免麵條圖的策略

　　雖然我喜歡吃東西，但是任何名稱裡有食物的圖表種類我都看不順眼。我對圓餅圖（又名派餅圖）的厭惡眾所皆知。環圈圖（又名甜甜圈圖）更是糟糕。現在我要介紹另一種我討厭的圖表：麵條圖（spaghetti graph）。

　　如果你不知道麵條圖是什麼東西，我在此向你保證你絕對看過。麵條圖就是堆疊在一起的折線圖，但是線條彼此重複，讓人難以分別研讀各組資料。線條圖大概就如圖 9.21。

地方贊助者支持的非營利組織類型

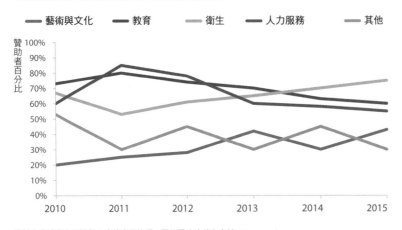

資料由資助者自己提供；應答者可複選，因此百分比總和高於100。

圖9.21　麵條圖

　　圖 9.21 稱為麵條圖，因為看起來就像有人拿了一把生麵條往地上丟。麵條圖裡頭的內容就跟那些半生不熟的麵條一樣⋯⋯

　　意思就是⋯⋯

　　毫無內容。

　　圖中一片混亂，線段不斷交錯，互相爭奪你的注意力，讓人想專心研讀特定一組資料也難以辦到。

　　要避免用麵條圖，讓資料更合理、更有邏輯性，其實有幾個策略可以運用。接下來我會介紹 3 種策略，並應用這些策略讓圖 9.21 的資料呈現不同樣貌，圖中資料為特定區域資助者所支持的非營利組織種類。首先，我們要來看一種各位應該已經很熟悉的策略：使用前注意特徵個別強調線條。接下來，我們要看看幾種以空間方式區隔不同線條的觀點。最後則探討結合上述兩種策略的綜合方式。

● 個別強調不同線條

　　要避免麵條圖讓人眼花撩亂，其中一個辦法就是使用前注意特徵讓人一次僅注意到一條線條。舉例來說，我們可以先讓聽眾注意到贊助者捐款給衛生非營利組織的百分比不斷增加。請見圖 9.22。

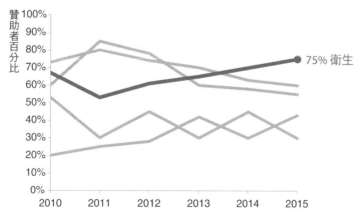

資料由資助者自己提供；應答者可複選，因此百分比總和高於100。

圖 9.22　強調單一線條

我們也可以使用相同策略，強調捐款給教育非營利組織的贊助者百分比下降。請見圖 9.23。

地方贊助者支持的非營利組織類型

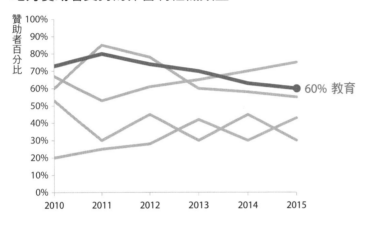

資料由資助者自己提供；應答者可複選，因此百分比總和高於100。

圖 9.23　強調另一條線條

　　圖 9.22 與 9.23 使用了色彩、線條粗度、增加標記（資料標記與資料標籤）作為視覺提示，將聽眾的注意力導到我們想要的地方。這個策略適用於現場簡報，我們可以先解釋圖表的細節（如先前討論過的案例研究作法），接著用這種方式一一集中討論不同的資料數列，強調個別數列值得注意的要點，並解釋原因。注意，我們必須配上口語解說或文字，闡明為何要強調該組資料，解說故事給聽眾聽。

● 以空間區隔

　　要讓糾纏不清的麵條圖變得清楚易讀，另一個方法就是將線條上下或左右分開。首先，來看看將線條上下拉開的版本吧。請見圖 9.24。

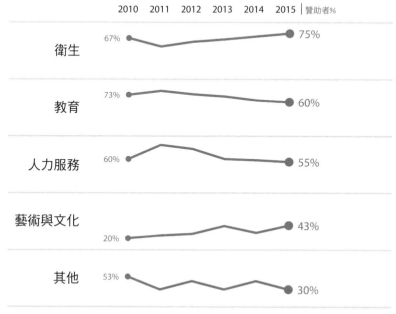

地方贊助者支持的非營利組織類型

資料由資助者自己提供；應答者可複選，因此百分比總和高於100。

圖9.24　將線條上下拉開

　　圖 9.24 的所有圖表皆使用同一條 X 座標軸（年份，放在最上方）。這個作法會產生五張不同的圖表，但是配置方式看起來卻像同一張視覺元素。圖中並沒有每張圖表的 Y 座標軸，而是標上起點與終點的標籤，提供充足脈絡，以省略 Y 座標軸。雖然圖中並未標出，但是每張圖表的 Y 座標軸最低與最高值必須一致，以讓聽眾比較每條線或點在空間中的相對位置。如果將這些線條縮小，看起來就會類似愛德華・圖夫特所稱的「迷你走勢線」（sparklines）（不具軸或座標的迷你折線圖，通常只是為了展示資料的大致形狀；《*Beautiful Evidence*》，2006）。

此作法的假設是特定類別的走勢（如衛生、教育等）比不同類別之間的差異更為重要。若情況並非如此，我們可以考慮將資料左右拉開，如圖 9.25。

地方贊助者支持的非營利組織類型

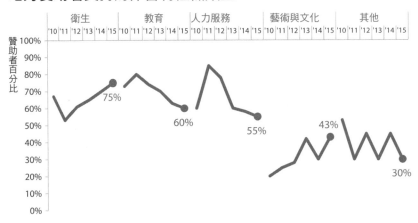

資料由資助者自己提供；應答者可複選，因此百分比總和高於100。

圖9.25　將線條左右拉開。

圖 9.24 的 5 個類別使用同一條 X 座標軸（年份），圖 9.25 則使用同一條 Y 座標軸（贊助者百分比）。此處不同資料數列的相對高度讓人比較起來較為輕鬆。我們很快便能看出，2015 年有最高比例的贊助者捐款給衛生組織、較少人捐款給教育組織、甚至更少人捐給人力服務等等。

● 二合一作法

另一個選項就是結合以上提到的兩種作法。我們可以以空間做出區別，同時個別強調每組資料，但是將其他資料淡化為背景，留下來作為比較基準。如同上個作法一樣，我們可以上下區隔線條（圖 9.26）也可以左右區格線條（圖 9.27）。

地方贊助者支持的非營利組織類型

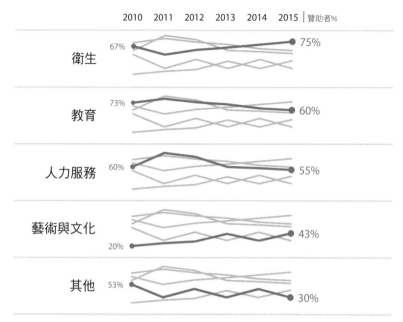

資料由資助者自己提供;應答者可複選,因此百分比總和高於100。

圖 9.26 二合一作法,上下區分

地方贊助者支持的非營利組織類型

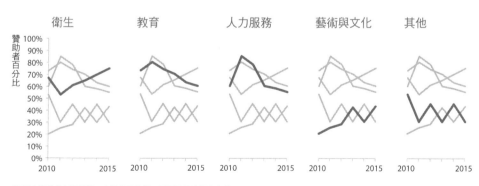

資料由資助者自己提供;應答者可複選,因此百分比總和高於100。

圖 9.27 二合一作法,左右區分

　　將許多小圖表放在一塊，如圖 9.27，有時會稱為「迷你重複圖」（small multiples）。如同先前所述，此處每張圖表的細節（X 軸與 Y 軸的最小最大值）都必須一致，聽眾才能迅速比較不同圖表當中所強調的資料數列。

　　若整組資料的脈絡相當重要，但是你想要個別集中討論每條線，圖 9.26 與 9.27 的作法便相當適用。由於資訊密度高，此種二合一的作法比較適合流通於聽眾手上的書面報告或簡報。至於現場簡報，這種作法會較難引導聽眾目光，因此較不適用。

　　在資料視覺化的領域之中，很多時候都沒有唯一的「正確」答案。最佳解決辦法會依情境而有所不同。此處的道理如下：如果不小心做出了麵條圖，那麼千萬別就此停手。想想看你最想傳達的資訊為何、你想訴說什麼故事、要如何更改圖表最能有效達到此目標。在某些情況之下，乾脆不要放這麼多資料也是一種選項。問問你自己：所有類別都需要嗎？所有年份都需要嗎？若情況適合，減少資料量也可以讓此類的資料繪製起來輕鬆許多。

案例⑤圓餅圖的 4 種替代方案

　　回想第 1 課討論過的暑期科學試教計畫情境：你剛完成一項暑期科學試教計畫，計畫目標是改善二、三年級小學生對科學的觀感。你在計畫前後分別進行了調查，並想利用這份資料來證明試教計畫有其成效，以申請未來資金。圖 9.28 是使用此份資料繪製出來的初步圖形。

調查結果：暑期科學學習計畫

課前：對科學實驗有何觀感？　　　　課後：對科學實驗有何觀感？

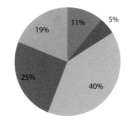
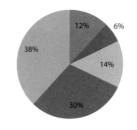

圖9.28　原版圖表

　　調查資料證實了試教計畫的確成功改善學童對科學的觀感。試教計畫前，大部分的學生（圖9.28左方的綠色部分，40%）對科學僅覺得「可以接受」，或許他們還沒有決定自己的喜惡。不過，在計畫進行過後（圖9.28右方），40%的綠色區塊減少至14%。「無聊」（藍色）和「不太喜歡」（紅色）各增加了一個百分點，但是大部分的改變皆往正面方向移動。在計畫實施過後，將近70%的學童（紫色加青色區塊）皆表示對科學有一定的興趣。

　　圖9.28的呈現方式其實是在幫倒忙。我已於第2課表達過我對圓餅圖的見解。的確，從圖9.28也可以看出大致的故事輪廓，但是為了得到故事訊息，聽眾必須自己辛苦地比較兩個圓餅圖的區塊大小。如先前所討論，我們應該要盡可能讓聽眾輕鬆取得資訊，千萬不能讓聽眾覺得煩。只要選擇不同種類的圖表，就能夠避免這種窘境。

　　我們來看看呈現此資料的4種替代方案：直接寫出數字、簡單的直條圖、堆疊水平橫條圖以及斜線圖，並且討論這四種作法背後的考量。

● 替代方案①直接寫出數字

　　若正面觀感的改善是最主要要傳遞給聽眾的訊息，那麼我們可以考慮僅使用這些內容進行交流。請見圖 9.29。

試教計畫大成功

試教計畫後，

68%

的學童對科學產生興趣，
計畫前僅為44%。

調查對象為參加試教計畫前後的一百名學童（兩次調查回答率皆為100%）。

圖 9.29　直接寫出數字

　　我們經常以為非得拿出所有資料不可，卻沒想到有時直接使用一兩個數字反而是更簡單有力的交流方法，如圖 9.29。話雖如此，如果你覺得你需要拿出更多資料的話，看看以下的其他替代方案吧。

● 替代方案②簡單直條圖

　　要比較兩樣東西時，應該要將兩者放得越近越好，並按照同樣的基線對齊，以簡化比較流程。簡單直條圖將計畫前後的調查回應沿著圖表下方的基線對齊，達到此目的。請見圖 9.30。

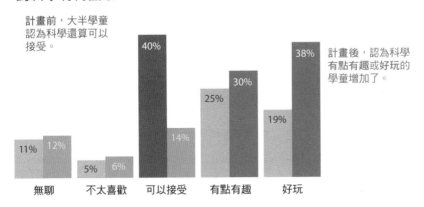

試教計畫大成功

對科學有何觀感？

計畫前,大半學童
認為科學還算可以
接受。

40%

38%

計畫後,認為科學
有點有趣或好玩的
學童增加了。

30%

25%

19%

14%

11% 12%

5% 6%

無聊　　　不太喜歡　　可以接受　　有點有趣　　　好玩

調查對象為參加試教計畫前後的一百名學童(兩次調查回答率皆為100%)。

圖 9.30　簡單直條圖

　　就此例來說,我偏好使用這種圖表,因為直條圖的配置讓人可以直接將文字方塊放在描述的資料點旁(其他資料也保留作為脈絡,但是經過些許淡化處理,使用了較淺的顏色)。此外,使用計畫前後分類,我便可以僅用兩種顏色就完成整張圖—灰色與藍色,以下的其他替代方案則需用到三種顏色。

● **替代方案③100% 堆疊橫條圖**

　　若特定區段所占的全部比例相當重要(替代方案①與②便無法強調這點),100% 堆疊橫條圖便能滿足你的需求。請見圖 9.31。此處左方與右方皆使用了相同的基線以便比較。這麼做能讓聽眾輕鬆比較兩條橫條左方的負面區段、以及右方的負面區段。正因為此特點,調查資料皆相當適合用堆疊橫條圖來繪製。

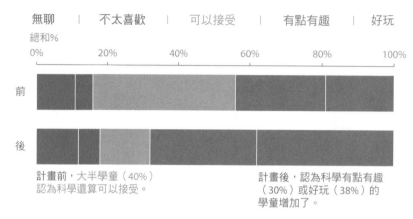

試教計畫大成功

對科學有何觀感？

圖9.31　100%堆疊橫條圖

調查對象為參加試教計畫前後的一百名學童（兩次調查回答率皆為100%）。

　　我在圖 9.31 中選擇保留 X 座標軸標籤，而非直接在橫條上加資料標籤。繪製 100% 堆疊長條圖時，我經常會這麼做，好讓聽眾能直接利用上方的量表從左讀到右或從右讀到左。此例採用此種作法，讓我們能標出計畫前後的負面量表數字變化（「無聊」和「不太喜歡」），以及從右到左的正面量表變化（「有點有趣」與「好玩」）。我選擇在先前的直條圖（圖 9.30）中刪去座標軸，直接在直條上加上標籤。由這兩張圖中可看出，採用不同觀點看資料也會導致不同的設計。記得千萬要考慮你希望聽眾怎麼利用這張圖，並依此做出設計決定：不同情況下適合的設計也會有所不同。

● 替代方案④斜線圖

此處要介紹的最後一種替代方案是斜線圖。如同簡單直條圖一樣，這種觀點也沒辦法讓人看到資料全貌（原版的圓餅圖與 100% 堆疊橫條圖便辦得到）。另外，若類別需以特定順序排列，斜線圖也不會是理想的選擇，因為斜線圖是依照相對資料值排列類別。圖 9.32 的右手邊上方為正面觀感的量表，但是下方「無聊」與「不太有趣」的類別順序調換了過來，因為資料值的數字大小與一般量表不同。若需自行定奪類別排序，可使用簡單直條圖或 100% 堆疊橫條圖。

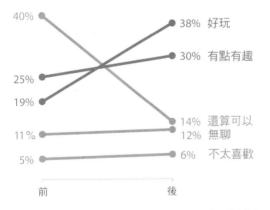

試教計畫大成功

對科學有何觀感？

計畫前，大半學童認為科學還算可以接受。

計畫後，認為科學有點有趣或好玩的學童增加了。

調查對象為參加試教計畫前後的一百名學童（兩次調查回答率皆為100%）。

圖9.32　斜線圖

圖 9.32 的斜線圖中，可以透過斜線看出每個類別前後的百分比增減。此處很容易迅速看出增加最多的是「有趣」（因為線條最陡峭），大幅減少的是「還

算可以」。斜線圖也可以讓人一眼看出各類別最高到最低的排序（圖表左右邊從上而下的資料點相對位置即為順序高低）。

　　情況不同，最適合的替代方案也會有所不同，你希望聽眾如何應用資訊、你想強調哪些要點……都是考量的因素。我們在此處學到的道理就是：有很多替代方案比圓餅圖更有效率、更能傳遞你的論點。

第9課重點整理

　　本章當中，我們討論了以視覺方式進行資料交流時，經常會碰到的難關以及背後的考量和解決辦法。當然，各位也可能會碰到此處並未提及的資料視覺化難題。重要的不止「答案」本身，解決這些情況的思考過程同樣也有許多值得學習的價值。就如我一再強調的，資料視覺化領域很少有唯一正確的路徑或解決辦法。❶

　　若碰上讓你不知如何處理才好的情況，我幾乎都會建議各位採用此策略：停下腳步，為聽眾著想。你希望他們知道什麼？有何行動？你想告訴他們什麼故事？回答了這些問題之後，適合的資料呈現方式通常都會逐漸明朗。如果還是不清楚，那麼就試試不同觀點、尋求他人的意見吧。

　　在此要給各位的課題，就是希望各位在碰到資料視覺化難題時，能應用學到的課程內容以及批判思考能力。以資料說故事是個重責大任，也是個難能可貴的好機會。

---

❶　想研讀其他的案例研究，請上我的部落格storytellingwithdata.com，裡頭有更多的課程應用與前後改造實例。

第10課

不只學會，
還要越來越好

你已經可以應用所學來打造易於理解、有溝通效益的圖表了。
現在開始，成為資料視覺化達人，或是團隊中的圖表顧問吧！

 你可以學到這些

☑ 現在流行哪些資料視覺化軟體

☑ 好範本到哪找

☑ 建立你自己的風格

☑ 提升團隊資料視覺化能力的方法

資料視覺化等資料的溝通、傳播是科學與藝術的結合。裡頭包含了科學成分，像是本書討論的最佳實務與指南；但也不乏藝術元素。這正是資料視覺化有趣的原因之一，充滿千變萬化。就算碰到的資料視覺化難關都一樣，不同人卻會以不同方式接觸資料，想出各式各樣的解決辦法。如先前所述，此領域沒有單一「正確」答案，而是經常會有多條道路可達到高效率交流資料的目的。應用本書找出你專屬的道路，用你的藝術直覺讓聽眾更容易理解箇中資訊。

本書至今已經將許多秘訣傳授給各位，讓各位踏上資料溝通的康莊大道。最後一課將會提供一些讓各位參考的後續行動，以及能協助各位的團隊和組織以改善資料敘事能力的策略。最後將會複習重要的課程內容，並讓各位迫不及待想用資料說出自己的故事。

後續該做些什麼

閱讀本書、認識用資料說故事這項學問是一回事，但是各位要怎麼實際應用所學呢？上手的最簡單方式就是從做中學：練習、練習、再練習。在工作場合找機會應用我們學過的課程，不過並不需要硬將所有概念全部用上，一步步改善現有的工作也是進步的一種方式。另外，記得思考看看本書從頭到尾傳授的用資料說故事流程，可以在何時派上用場。

關於閱讀本書後的後續具體行動，我將會給各位五個最後的訣竅：摸熟工具、重複修正並尋求意見、為此步驟留下充足時間、從他人身上尋找靈感、最後則是要樂在其中！我們來一一進行討論吧。

現在我想把整份月報表都改頭換面了！

　　現在，各位看圖表的方式很可能已經有所改變。重新思考繪製圖表的方式是件好事，但是千萬別野心太大、設立過高的目標，進而讓你綁手綁腳。考慮看看有哪些漸進式的改變可以實施，以讓你一步步成為以資料說故事的大師。舉例來說，若你在考慮將定期報表改頭換面，第一步可能會是將報告視為附錄。留下資料作為參考，但將之淡化為背景，才不會搶了主要訊息的鋒頭。在一開始新增幾張投影片或觀察筆記，利用用資料說故事的課程內容，從資料當中得出有趣的故事。這麼一來，你便能讓聽眾更輕易地注意到資料當中的重要故事，進而行動。

● 訣竅①摸熟工具

　　我通常會避免討論工具，因為目前所提到的課程內容皆為基礎要領，可以應用在任何工具之上（如 Excel 或 Tableau）。在進行資料視覺化時，盡量別讓工具礙手礙腳。選定一種工具，盡可能將之摸熟。剛開始使用工具時，上些基礎課程可能會有所幫助。不過，以我的經驗來說，學習工具的最佳方式就是邊用邊學。找不出使用方法時，千萬別放棄。繼續玩程式，並在搜尋網站上尋找解決辦法。若你能讓工具乖乖聽話，那麼一路上碰到的挫折都是值得的！

　　要將資料視覺化、做出完美的圖表，並不需要花稍豪華的軟體。我發現在商業分析領域上，微軟 Excel 是功能最廣泛的軟體，各位在本書所看到的例子全是用微軟 Excel 做出來的。

　　雖然我主要用 Excel 來繪製資料，但這不是各位唯一的選項。工具的種類五花八門，以下簡單介紹一些現在流行的資料視覺化軟體，皆能繪製出我們在本書所看到的圖表：

- Google 試算表：免費、線上使用、可分享、還可讓多人編輯（本書撰寫之際，調整圖表格式還是有些限制，因此並不是那麼容易應用本書內容去除雜訊或引導聽眾目光）。

- Tableau：現下流行的創新資料視覺化軟體，適合用來進行探索型分析，能讓你用資料迅速製作出多種觀點的美觀圖表。其 Story Points 功能可用來進行解釋型分析。此軟體價格較高，但是若不介意將資料上傳至公開伺服器，可選擇免費的 Tableau Public。

- 程式語言，如 R、D3（JavaScript）、Processing 與 Python：入門門檻較高，但是彈性也較高，因為你可以控制圖表當中的特定元素，並透過代碼重複利用這些特製細節。

- 有些人會單用 Adobe Illustrator，或是搭配 Excel 或程式語言做出的圖表使用，因為圖表元素操作較方便，成品看起來也比較專業。

　　除了上述的清單之外，其實還有一種必要的基礎資料視覺化工具──紙張，正好與我的下一個訣竅有關。

我怎麼使用 PowerPoint

對我來說，PowerPoint 只是用來整理講義或在大螢幕上做簡報的工具。我幾乎每次都會從全白的投影片下手，絕不會利用內建的項目符號，以免讓簡報內容變成提詞稿。

你可以直接在 PowerPoint 製作圖表；不過，我不喜歡這麼做。Excel 的彈性較高（除了圖表本身之外，還可以直接在儲存格中加入其他視覺元素，如標題或軸標籤，有時會派上用場）。因此，我會在 Excel 當中製作視覺元素，接著以圖片的形式複製貼上到 PowerPoint 裡頭。如果我使用文字搭配視覺元素，想要將目光引導至特定要點時，通常會使用 PowerPoint 的文字方塊。

若要重複使用同張視覺元素推進故事，如第 8 課的例子或第 9 課的案例研究，PowerPoint 的動畫功能可能會派上用場。使用 PowerPoint 的動畫時，只需要用簡單的出現或消失即可（有時透明度也會派上用場）；避免使用會讓元素飛入或淡出的動畫，這些效果就像立體圖表一樣，沒必要又會使人分心！

● 訣竅②重複修正並尋求意見

目前為止，我皆以線狀時間順序來介紹用資料說故事的流程。但是，實際情況卻經常不是如此。若有份資料讓你不知道該以怎樣的順序視覺化，那就先從一張白紙開始吧。從白紙開始，你便能在不受工具與能力的限制之下自由發揮。畫出可能的觀點、並排檢視，並決定怎麼做才能最順利地將訊息傳達給聽眾。我發現利用紙張規畫工作內容，不容易像用電腦一樣產生無法割捨的情感，這麼一來重複修正的程序也會變得輕鬆許多。若思緒打結，在白紙上發揮也能讓人感覺較自由、較容易變通。處理資料的基本辦法有了個雛形之後，接著再

來考慮手邊有什麼東西可以利用，像是工具或內部、外部專家，最後再來實際製作出視覺元素。

在製圖軟體（如 Excel）中製造圖表、想要精益求精時，你可以利用所謂的「驗光師觀點」。先製作出一種版本的圖表（就稱為 A 吧），複製出另一份（B）、做出一項改變。接著判斷是 A 還是 B 版本較佳。並排檢視稍有不同的版本，通常能讓人迅速看出哪種觀點的效果較好。繼續依樣畫葫蘆，保留「最好」的圖表，繼續對複製版本進行微小的修正（若改差了還可以回去利用前一個版本），不斷重複到製作出理想圖表為止。

若碰上無法判斷的情況，那就向他人尋求意見吧。朋友或同事的新鮮觀點可以替資料視覺化流程帶來偌大幫助。將圖表拿給別人看看，請他們說出他們的思考流程：注意到什麼、得出什麼觀察、有什麼問題、有何改善傳遞訊息流程的建議。這些意見能讓你知道你做的圖表示否合乎標準，若答案為否定，你也能知道該從何處下手更改、繼續重複修正。

進行重複修正的過程時，有樣東西是成功的最重要關鍵：時間。

● 訣竅③分配足夠時間給準備故事

本書提到的所有流程都要花時間。對脈絡有健全的理解、理解聽眾的動機、打造出 3 分鐘故事與核心想法需要花時間。以不同角度看資料、決定最佳的呈現方法也需要花時間。去除雜訊、引導目光、重複修正尋求回饋、打造出最有效率的視覺元素也得花時間。將所有元素集結成一個故事、建構出連貫又引人入勝的敘事更得花時間。

要把上述的所有流程做得好，需要花上更多的時間。

要成功用資料把故事說好，我認為最重要的訣竅之一就是時間要充足。如果我們沒意識到這點、並依此安排時程，那麼我們的時間很可能會浪費在其他的分析流程上。想想看一般的分析流程有哪些步驟吧：先從一個問題或假設開始、接著蒐集資料、去蕪存菁、再分析資料。完成這些步驟之後，你很可能會想要就這樣把資料全塞進一張圖表裡，就此「大功告成」。

但是，這麼做對我們、對資料來說並不公平。製圖軟體的預設設定通常離「完美」兩字有很長一段距離，工具也不會知道我們想說什麼故事。因為這兩個先天缺陷，若分析流程最後的溝通步驟的時間不夠，資料本身許多的潛在價值就很有可能流失，包括促成行動或影響改變的機會。記住，你的聽眾在整個流程當中，只會看到最後的說故事步驟而已。多花點時間在這重要的一步上頭吧！留下比你估計更長的時間，遊刃有餘地重複修正、做到盡善盡美。

● 訣竅④從好例子當中找靈感

模仿是最大的讚賞。如果你看到喜歡的資料視覺化案例、或是用資料說故事的好例子，那麼你便可以思考看看該如何自己拿來應用。停下來，想想看這個辦法為什麼能發揮效用。將此例複製起來、慢慢打造出專屬於你的視覺收藏，並從中汲取靈感。模仿你看到的好例子與資料處理作法。

說得更直白一點：模仿是件好事。效法專家可以讓我們有所收穫。所以才會有這麼多人帶著素描本和畫架去美術館，以便詮釋出自己的佳作。我先生告訴我，他在學爵士薩克斯風時，經常會重複聽大師的作品，偶爾還會以慢速不斷重複播放同一小節，直到他練習到能完美重現所有音符為止。使用好例子作為臨摹樣本的概念也能應用在資料視覺化領域。

　　許多以資料視覺化和資料交流為主題的部落格和資源，提供了許多範例。
以下列出我的個人最愛（當中包括我自己的部落格！）：

- Eager Eyes（eagereyes.org, Robert Kosara）：內容豐富，主題為資料視覺化與視覺敘事。
- FiveThirtyEight's Data Lab（fivethirtyeight.com/datalab，多人作者）：我喜歡他們的極簡製圖風格，主題囊括新聞與時事等。
- Flowing Data（flowingdata.com, Nathan Yau）：網站上包含會員專屬內容，不過也有許多免費的資料視覺化佳例。
- The Functional Art（thefunctionalart.com, Alberto Cairo）：提供資訊圖表與視覺化的入門簡介，文章內有簡潔扼要的建議與例子。
- The Guardian Data Blog（theguardian.com/data，多人作者）：英國衛報提供，資料多與新聞相關，經常搭配文章與視覺圖表。
- HelpMeVis（HelpMeViz.com, Jon Schwabish）：「幫助大眾應付日常視覺化難關」，此網站能讓你上傳自己的圖表、獲得讀者回饋，歷史記錄當中也有案例與對應的討論。
- Junk Charts（junkcharts.typepad.com, Kaiser Fung）：號稱「網路上第一位資料視覺化評論家」，專門討論圖表成功的秘訣以及改善方式。
- Make a Powerful Point（makeapowerfulpoint.com, Gavin McMahon）：教你如何打造簡報、呈現資料，內容輕鬆又容易消化。
- Perceptual Edge（perceptualedge.com, Stephen Few）：內容一針見血，以合理的資料視覺化與溝通交流為主題。
- Visualising Data（visualisingdata.com, Andy Kirk）：將資料視覺化領域的

發展做成圖表，並提供每月「網路最佳視覺化圖表」的資源清單。

- VizWiz（vizwiz.blogspot.com, Andy Kriebel）：資料視覺化的最佳典範、改善現有工作的作法、以及 Tableau 軟體的使用訣竅。

- stoytelling with data（storytellingwithdata.com）：我的部落格主要集中討論如何以資料進行效率交流，提供了許多實例、視覺大改造及討論串。

以上只是幾個例子，值得學習的網路資源還不只這些。時至今日，我還是能從此領域當中活躍的佼佼者身上學到許多東西。你也辦得到！

魯蛇身上也有東西可學

　　除了可以從好範例中有所收穫外，資料視覺化的爛例子經常也可以讓人知道有什麼是千萬不該做的禁忌。爛圖表到處都是，甚至有許多網站專門蒐集、批評或嘲笑這些圖表的。舉個有趣的例子來說，去 WTF Visualizations 網站看看吧（wifviz.net），裡頭的內容只能用「完全不合邏輯」來形容而已。在此鼓勵各位，碰到差勁的資料視覺圖表時，不僅要能明辨好壞，還要停下來想想看哪裡出了錯、該如何改善。

　　現在各位對資料的視覺呈現已經有了獨到眼光，看圖表的觀點已經完全顛覆。曾經有位工作坊的學員跟我說他已經「回不去了」，只要一看到資料視覺化的圖表，就會馬上以他的新知識來衡量其效率。聽到這些故事總會讓我覺得相當開心，感覺離剷除世界上的爛圖表此一目標又邁進了一大步。現在各位也已經回不去了，但這其實是件好事！繼續從佳例上學習優點，避免反例當中的缺點，一步步打造出自己的資料視覺化風格。

● 訣竅⑤樂在其中、找出自己的風格

　　提到資料，大多人都認為跟創意八竿子打不著。但是，在資料視覺化的領域，創意絕對派得上用場。資料經過處理，就可以變得令人驚艷。別害怕做些新嘗試、玩創意。一路上跌跌撞撞也能讓你有所學習。

　　或許，你也可能會開發出個人的資料視覺化風格。舉例來說，我先生說他看得出哪些圖表是我做的、或有我的影子。除非客戶品牌不適合，我通常會採用灰色和藍色調、做出極簡風格的成品，而且幾乎永遠都會用最基本的 Arial 字體（因為我喜歡！）。但這不代表你必須要模仿這些細節才能成功。我嘗試過許多不同字體、顏色與圖表元素，經過不斷的重複才確立自己的風格，當中帶有我個人的喜好。我還記得我曾經做出過一個慘不忍睹的例子，背景是由灰至白的漸層，還使用了過多的橘色色調。我還成長了真不少！

　　只要程度別太誇張，儘管在進行資料交流時培養你自己的風格、發揮創意吧。在開發自己的資料視覺化風格時，公司品牌可能也會扮演重要角色；思考看看能否將公司品牌的形象融入資料視覺化與交流過程當中。記得，最重要的是你的方法與風格是要讓聽眾更好吸收資訊，而不是造成反效果。

　　現在各位看過了一些未來發展方向的特定建議，我們來討論要怎麼替別人建立用資料說故事的能力吧。

協助團隊改善資料敘事能力

　　我堅信，只要學習並應用本書當中的課程，任何人都可以提昇自己資料交流的能力。話雖如此，但有些人自然會比別人有興趣、有天分。若要讓團隊或組織的成員全體都能以高效率進行資料交流，可以考慮使用以下幾個策略：提

升所有人的能力、投資專家、或者外包這部分的流程。來簡單討論各個策略吧。

● 提升所有人的能力

　　如同先前所述，資料視覺化的挑戰之一，就是它僅是分析流程的一個步驟而已。聘請來專門進行分析的職員通常都有量化背景，因此其他步驟對他們來說都是小意思（尋找資料、綜合資料、分析資料、建構模型），但是他們卻沒正式受過交流分析資料需要的設計訓練。除此之外，現在也有越來越多公司要求沒有分析背景的員工進行資料分析與交流。

　　無論對象是哪一種，設法將基礎知識傳授給他們都不是件壞事。撥點預算進行訓練、或是使用本書當中的內容來激發員工的興趣。若選擇後者，以下為各位提供一些明確的建議：

- **用資料說故事讀書會**：每次閱讀一章、接著找時間一起討論，找出與你們工作相關的例子，想想看該章課程內容可以如何應用在你們的工作上。
- **DIY 工作坊**：讀完整本書後自行召開工作坊，從團隊作品當中找出資料交流的例子，討論該如何改善。
- **星期一，改造天**：每週給出不盡理想的視覺化案例，請成員利用課程內容進行改造。
- **意見交流**：規定成員要分享手邊的工作進度，並且以資料敘事課程為基礎、提供彼此建議。
- **找出冠軍**：每月或每季定期舉辦比賽，可以以個人或團隊身分繳交高效率資料交流的例子，接著選出模範案例，並累積成績選出比賽冠軍。

　　無論是單一或結合使用，以上的所有方法皆可以幫助團隊成員持續改善視覺化效率、加強資料敘事的能力。

● 投資一兩位內部專家

　　另一個辦法就是在你的團隊或組織裡找出一兩位對資料視覺化有興趣的成員（若原本就有天分更好），並在他們身上投資資源，讓他們成為公司的內部專家。由他們擔任內部的資料視覺化顧問，任何團隊成員都可以向他們尋求靈感或諮詢，或者解決跟工具相關的疑惑。投資的資源可以是書、工具、口頭教導、工作坊或實質課程。提供他們時間和機會來學習與練習。這麼做也可以讓該名成員找出自己未來的職涯發展方向，還能在學習的過程當中將成果與他人分享，以確保整個團隊也可以跟著成長。

● 外包

　　在某些情況之下，將打造視覺元素的工作外包給外部專家會較為恰當。若時間不足或技術有限，可以考慮向資料視覺化或簡報顧問求救。舉例來說，有位客戶與我簽了合約，內容是設計未來年度當中需進行數次的重要簡報內容。只要故事基礎確立，他們只需要稍微進行調整，就能讓簡報內容適用於各種場合。

　　外包的最大缺點就是無法像內部開發一樣邊做邊學。要克服這點，就在流程當中找機會向顧問請教學習吧。考慮看看能否從成品當中汲取其他靈感、用在其他工作之上，或者成品是否可以用來改進內部團隊能力。

● 綜合作法

在我的經驗當中，最成功的資料視覺化團隊或組織皆採用綜合作法。他們很清楚資料敘事相當重要，於是會投資訓練與練習機會、將資料視覺化的基礎知識傳遞給所有成員。他們還會培訓內部專家，讓其他團隊成員可以向他求助。在有需要時找來外部專家，並從中學習。他們很清楚用資料說故事的能力的確有其價值，而且會在成員身上投資資源、培育此能力。

透過本書，我已經將資料交流的基礎知識與語言傳授給了各位，讓你能夠協助團隊或組織在此領域成長茁壯。想想看要如何利用本書的課程內容給他人意見回饋，幫助他們加強能力與效率吧。

最後來回顧一下目前為止學到的用資料說故事課程內容吧。

溫習學到的內容

跟著本書一路走來，我們學到了許多五花八門的概念技巧，如脈絡、減少雜訊、導正目光、健全故事內容等等。我們套進了設計師思維，以聽眾的角度看世界。以下是課程主要內容的回顧：

1. 理解脈絡：確定自己很清楚以下幾個問題的答案。你的交流對象是誰？你需要他們知道什麼、有何行動？你要如何與他們溝通？你手邊有什麼資料能作為證據？利用 3 分鐘故事、核心想法與分鏡腳本等概念釐清你的故事，打造出你想要的內容與流暢度。

2. 選擇適當的視覺呈現方式：要強調的只有一兩個數字時，純文字是最佳選擇。折線圖最適合用來呈現連續性的資料。條狀圖適合繪製分類資

料，而且基線必定為零。依據你想呈現的資料關係選擇圖表類型。避免使用圓餅圖、環圈圖、立體圖以及雙 Y 座標軸，以免讓視覺詮釋的難度增加。

3. **去蕪存菁**：找出無法增加資訊價值的元素，從圖表中移除。使用格式塔視覺原則理解人類的視覺運作方式，並找出可能可以移除的元素。善用策略、強化對比。對齊元素、保留空白，讓聽眾能夠輕鬆自在地讀你的圖表。

4. **集中聽眾的注意力**：利用色彩、大小與位置等前注意特徵標出重要元素。善用策略、使用這些特徵來將聽眾目光引導至你想要的地方，並帶著聽眾詮釋你的圖表。應用「目光在哪裡？」的測試來衡量圖表當中前注意特徵的效率。

5. **設計師思維**：替觀眾提供視覺可見性，提示他們該如何與你的溝通內容互動：強調重要元素、移除令人分心的元素、打造出視覺階層。別搞得太過複雜，利用文字加上標籤進行解釋，讓你的設計平易近人。改善視覺元素的美感效果，讓聽眾較不在意設計問題。努力讓聽眾接受你的視覺設計。

6. **訴說故事**：讓你打造出的故事有清楚的開頭（情節）、中段（轉折）與結尾（行動呼籲）。利用衝突與張力引起聽眾注意、讓他們保持專注。仔細安排敘事的順序與手法。利用重複的力量讓故事烙印在聽眾腦海裡。使用垂直與水平式邏輯、回推分鏡與尋求新觀點等技巧，確保你的故事能清楚傳達給交流對象。

只要能融會貫通這些課程內容，你便能踏上資料交流的康莊大道！

　　若你在翻開這本書前，覺得資料交流是門彆扭的學問、自己不甚在行，那麼我希望這本書已經幫助你減少了這些感受。現在各位已經打好了紮實基礎，有典範佳例可以參考，還有明確的步驟指南，可以協助你克服資料視覺化的難關。你的觀點煥然一新，不會再用相同角度來看資料視覺化這回事。你已經準備好協助我剷除世界上所有效率低落的圖表。

　　你的資料當中存在著故事。如果你在我們踏上旅程前不相信這點，希望你現在已經改觀。善用我們學習到的課程內容，將故事清楚明瞭地傳達給你的聽眾。幫助改善決策力、鼓勵聽眾有所行動。從今以後，你再也不是單純地展示資料，而是在利用設計貼心的視覺化圖表傳遞資訊、啟發行動。

　　抬頭挺胸，用資料說出你自己的故事吧！

要感謝的有……

2015

2010至今：我的家人，謝謝你們的愛與支持。謝謝我最愛的老公蘭迪（Randy）當我的頭號啦啦隊，陪我走過一切；我愛你，親愛的。謝謝我帥氣的兩個兒子，愛佛瑞（Avery）與朵利安（Dorian），讓我看見生活的意義，並且為我的世界帶來許多歡樂。

2010至今：我的客戶，謝謝你們願意與我一同剷除這世界上效率低落的圖表，並邀我參與工作坊與各種企畫，讓我能與客戶團隊和組織分享心血。

2007至2012：我在Google的日子。拉茲洛·博克、普拉薩德·賽蒂（Prasad Setty）、布萊恩·翁（Brian Ong）、尼爾·帕提爾（Neal Patel）、蒂娜·馬爾姆（Tina Malm）、珍妮佛·克寇斯基（Jennifer Kurkoski）、大衛·霍夫曼（David Hoffman）、丹尼·柯罕（Danny Cohen）以及娜塔莉·強森（Natalie Johnson），謝謝你們讓我有機會自由研究、建構與傳授高效率資料視覺化的課程內容，謝謝你們把自己的作品交給我判斷，另外也謝謝你們給我的援助與靈感。

2002至2007：我在金融業的日子。馬克·希爾斯（Mark Hills）與艾倫·紐斯特（Alan Newstead），謝謝你們在我剛踏入資料視覺化領域時，給我鼓勵、肯定我在視覺設計方面的努力（雖然也不少碰壁的經驗，像是風險管理的雷達圖！）

1987至今：我的弟弟，謝謝你提醒我人生最重要的就是找到平衡。

1980至今：我的父親，謝謝你的專業設計眼光、以及鉅細靡遺的注意力。

1980

1980至2011：**我的母親**，妳是這輩子影響我最深的人；我想念妳，媽。

另外，我也要在此感謝所有參與本書製作的人員。一路上所有的投入與協助在我心中都相當重要。除了上述所提到的人名之外，我還要感謝比爾·法倫（Bill Falloon）、梅格·弗里博恩（Meg Freeborn）、文森·諾德豪斯（Vincent Nordhaus）、羅賓·法克特（Robin Factor）、馬克·柏傑隆（Mark Bergeron）、麥克·罕頓（Mike Henton）、克里斯·華勒斯（Chris Wallace）、尼克·沃爾坎普（Nick Wehrkamp）、麥克·弗里蘭（Mike Freeland）、梅莉莎·科納（Melissa Connors）、海瑟·鄧費（Heather Dunphy）、雪倫·波勒斯（Sharon Polese）、安德利雅·普萊斯（Andrea Price）、勞拉·葛契科（Laura Gachko）、大衛·普厄（David Pugh）、馬力卡·隆恩（Marika Rohn）、羅伯特·克沙拉（Robert Kosara）、安迪·克力貝爾（Andy Kriebel）、約翰·坎尼亞（John Kania）、艾倫娜·貝爾（Eleanor Bell）、艾伯托·開羅（Alberto Cairo）、南西·度爾特（Nancy Duarte）、麥可·愛司金（Michael Eskin）、卡瑟琳·斯鄧吉（Kathrin Stengel）與賽拉·巴薩涅茲（Zaira Basanez）。

Google必修的圖表簡報術

作者	柯爾・諾瑟鮑姆・娜菲克
譯者	徐昊
商周集團榮譽發行人	金惟純
商周集團執行長	王文靜
視覺顧問	陳栩椿
商業周刊出版部	
總編輯	余幸娟
責任編輯	林雲
封面設計	Bert design
內頁排版	林婕瀅
出版發行	城邦文化事業股份有限公司-商業周刊
地址	104台北市中山區民生東路二段141號4樓
傳真服務	（02）2503-6989
劃撥帳號	50003033
戶名	英屬蓋曼群島商家庭傳媒股份有限公司城邦分公司
網站	www.businessweekly.com.tw
香港發行所	城邦（香港）出版集團有限公司
	香港灣仔駱克道193號東超商業中心1樓
	電話：(852)25086231 傳真：(852)25789337
	E-mail：hkcite@biznetvigator.com
製版印刷	中原造像股份有限公司
總經銷	高見文化行銷股份有限公司 電話：0800-055365
初版1刷	2016年（民105年）4月
初版5.5刷	2016年（民105年）4月
定價	台幣420元
ISBN	978-986-92835-3-3（平裝）

Storytelling with Data: A Data Visualization Guide for Business Professionals
Copyright© 2015 by Cole Nussbaumer Knaflic   **WILEY**
English version published by John Wiley & Sons, Inc.
Complex Chinese Character translation copyright © 2016 by Business Weekly, a Division of
Cite Publishing Ltd., Taiwan

國家圖書館出版品預行編目資料

Google必修的圖表簡報術 / 柯爾・諾瑟鮑姆・娜菲克（Cole Nussbaumer
Knaflic）著；徐昊譯. -- 初版. -- 臺北市：城邦商業周刊, 民105.04
　面；　公分.
譯自：Storytelling with data : a data visualization guide for business
　professionals
ISBN 978-986-92835-3-3（平裝）

1.簡報　　2.圖表　　3.視覺設計
494.6   105003241

藍學堂

學習・奇趣・輕鬆讀